베이직하면서
시크하게
내 아이의 데일리룩

codamari   타가시마 마리에 지음 | 정유미 옮김

Prologue

계절이 바뀜에 따라
아이가 성장함에 따라
직접 만드는 아이옷

나뭇잎 사이로 햇빛이 비치는 곳
따스한 햇살 속에서
눈을 감은 채 졸고 싶어지는 느낌,
codamari의 옷을 집어 들 때
입은 아이의 모습을 바라볼 때
그런 행복감을 느끼길 바라며
그동안 소중하게 만들어 온 작품들을 소개합니다.
처음 시작하는 분들도 만들기 쉽게
응용한 것도 있습니다.

아이들이 성장해 가고, 계절이 돌고 도는 것을 느끼며
매 순간이 소중한 추억으로 이어지길 바랍니다.
계절과 아이들의 성장에 따라, 소재나 원단을 바꾸고
일상복이나 특별한 날의 옷을 직접 만들어서
추억을 물들이는 순간을 즐기시길 바랍니다.

codamari
타카시마 마리에

contents

P4, 17	어깨 단추의 풀오버 (긴소매)
P4	테이퍼드 바지
P6	단추 달린 살로페트
P8, 27	조끼
P8, 19, 27	턱 주름 바지
P9	어깨 단추의 풀오버 (반소매)
P9, 11	둥근 주머니의 반바지
P10	둥근 깃의 셔츠
P10, 20	주름 치마
P11	왕관
P12	짧은 소매의 원피스
P14	패블럼 블라우스
P16	오버롤즈 살로페트
P19, 30	깃 없는 셔츠
P20	짧은 소매의 블라우스
P22	깃이 달린 점프슈트
P23	반소매의 점프슈트
P24	테일러드 깃의 코트
P26	특별한 날의 재킷
P26, 31	장식 단추가 달린 원피스
P27	작은 깃의 셔츠
P28	분리형 깃 (각진 깃, 둥근 깃)
P32	깃 없는 코트
P18	깃의 모양만 바꾸면 다양한 셔츠를 만들 수 있습니다
P34	column 손으로 만드는 즐거움은 생각을 형태로 표현할 수 있다는 것입니다
P35	column 시접이 포함된 패턴을 고집했습니다
P36	Point Lesson
P38	단추 달린 살로페트 만드는 방법
P41	How To Make
P42	바느질의 기초

어깨 단추의
풀오버(긴소매)

넉넉한 품과 좁은 소매의 실루엣은 바지, 스커트, 살로페트 모두에 잘 어울립니다. 하나만 입어도 시크한 특별한 작품입니다.

만드는 방법 / P58

테이퍼드 바지

주머니 입구에 포인트를 주었습니다. 깔끔한 실루엣인데도 품이 넉넉합니다. 마른 체형의 아이들이 입으면 더 귀엽습니다.

만드는 방법 / P62

4

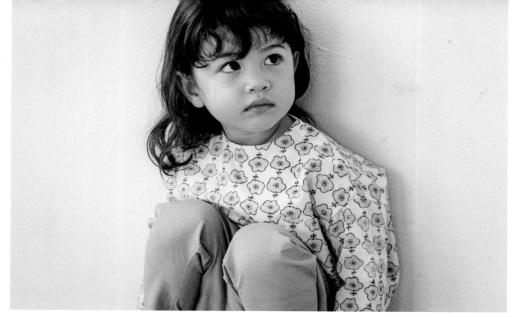

왼쪽 어깨에 T단추(플라스틱 스냅단추) 3개가 쪼로록 달려 있는 것이 포인트

단추 달린 살로페트

등 뒤에 달린 단추가 특징인 codamari 의 시그니처 아이템. 턱 주름과 고무줄 을 넣어 입고 벗기 쉬우며, 옷의 형태가 무너지지 않도록 했습니다.

만드는 방법 / P38
상의 : 짧은 소매의 블라우스 (P20)

6

model : 키 98cm / size100 착용

조금 큰 사이즈로 만들어도 귀엽습니다.

가을, 겨울엔 코듀로이나 울 소재로 만들어보세요.

조끼

환절기에 체온 조절을 할 수 있어, 하나 갖고 있으면 유용한 아이템입니다. 앞의 단추는 장식이어서 단춧구멍을 만들 필요가 없습니다. 여밈은 스냅단추로 합니다.

만드는 방법 / P50

턱 주름 바지

턱 주름을 넣어 여유로운 실루엣의 바지입니다. 착용감이 좋은 소재를 선택해 편안한 일상복으로 활용할 수 있습니다.

만드는 방법 / P64
상의 : 깃이 없는 셔츠 (P19)

8

model : 키 130cm / size130 착용

어깨 단추의
풀오버(반소매)

품이 넉넉해서 착용감이 좋은 상의입
니다. 목둘레는 속옷이 보이지 않게
적당히 파주었고, 시크한 느낌을 제대
로 표현했습니다.

만드는 방법 / P58

둥근 주머니의
반바지

옆선을 재봉하지 않고도 만들 수 있어
편리합니다. 심플한 디자인으로 어떤
상의와도 코디하기 쉬워, 활용도가 높
은 바지입니다.

만드는 방법 / P66

model : 키 117cm / size120 착용

둥근 깃의 셔츠

데님과 프린트 원단 등, 사용하는 천에
따라 분위기가 완전히 달라지므로 남자
아이에게도 여자아이에게도 어울리는 셔
츠를 만들 수 있습니다.

만드는 방법 / P44

주름 치마

원단의 폭 그대로 만들기 때문에 패턴이
따로 필요 없습니다. 넉넉하게 잡은 주
름이 포인트입니다.

만드는 방법 / P72

model : 키 95cm / size100 착용

model : 키 98cm / size100 착용

둥근 주머니의
반바지(다른 원단)

셔츠와 같은 원단으로 반바지를 만들면
외출복으로도 손색이 없습니다. 바지를
만들 때는 비침이 없는 원단이 좋습니다.

만드는 방법 / P66

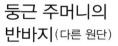

왕관

축하 파티의 주인공이 될 수 있는 소
품입니다. 옷과 같은 원단도 좋고 스
팽글 원단도 좋습니다. 착용감이 가벼
운 것도 매력입니다.

만드는 방법 / P71

짧은 소매의 원피스

짧은 소매가 포인트인 A라인 원피스로. 여름에
는 단품으로 입어도 깔끔합니다. 아랫단에 트임
을 주어 활동하기에도 편합니다.

만드는 방법 / P53

니트나 타이즈를 곁들이면 가을, 겨울도 OK. 사계절 아이템입니다.
model : 키 94cm /size90 착용

패블럼 블라우스

주름을 넉넉하게 넣어 아랫단이 예쁘
게 퍼지는 디자인입니다. 시크한 색상
의 원단을 사용해 어른스럽게 마무리
했습니다.

만드는 방법 / P78
하의 : 테이퍼드 바지 (P4)

소맷부리에 고무줄을 넣어 살짝 부풀린 모습이 귀엽습니다.

model : 키 94cm /size90 착용

오버롤즈
살로페트

세련된 실루엣에, 어쩐지 아련함
을 느끼게 하는 디자인입니다.
남자아이 여자아이를 불문하고,
어떤 체형의 아이들이 입어도 예
쁩니다.

만드는 방법 / P60

어깨 단추의
풀오버
(긴소매 / 다른 원단)

단품으로 입어도 멋스럽고, 살
로페트나 재킷과 코디해도 썩 잘
어울립니다. 넉넉한 핏이라 착용
감도 매우 편합니다.

만드는 방법 / P58

model : 키 98cm / size100 착용

깃의 모양만 바꿔도, 다양한 셔츠를 만들 수 있습니다

둥근 깃, 각진 깃, 깃 없는 셔츠의 느낌은 전혀 다르지만,
사실 각진 깃 이외의 패턴과 만드는 방법은 거의 같습니다.
둥근 깃은 귀엽게, 깃이 없는 셔츠는 캐주얼한 분위기로 즐겨 주세요.
각진 깃은 간단한 외출이나 특별한 날에 유용합니다.

※ 위부터 '둥근 깃의 셔츠'(P10) 2장, '깃이 없는 셔츠' (P19), 작은 깃의 셔츠 (P27)

깃 없는 셔츠

심플한 형태의 셔츠로, 여러 장 가지고
있으면 코디하기 좋습니다. 어떤 단추를
다느냐에 따라 분위기가 완전히 달라지
므로 다양하게 응용해 보세요.

만드는 방법 / P44

턱 주름 바지 (다른 원단)

복숭아뼈가 살짝 보이는 길이라서 활동
성이 좋습니다. 어렵다고 여기는 주머니
도 쉽게 만들 수 있도록 했습니다. 무늬
있는 원단으로 만들어도 멋집니다.

만드는 방법 / P64

model : 키 128cm /size130 착용

짧은 소매의 블라우스

짧은 소매와 옆선의 트임이 포인트인
블라우스입니다. 여자아이, 남자아이
모두에게 잘 어울립니다.

만드는 방법 / P52

주름 치마 (다른 원단)

심플한 형태라서, 단색 원단도 좋고
무늬가 있는 원단도 좋습니다. 어떤
상의와도 잘 어울리므로 하나 마련해
놓으면 편합니다.

만드는 방법 / P72

model : 키 95cm / size100 착용

소매를 바이어스 재단해 끝 부분이 살짝 벌어지는 모습으로 완성되었습니다.

기본 디자인이지만 두꺼운 허리벨트로 포인트를 주었습니다.

깃이 달린 점프슈트

점프슈트나 살로페트를 입은 아이
들의 모습은 정말 사랑스럽습니다.
통통하고 깔끔한 실루엣에 작은 칼
라를 달았습니다.

만드는 방법 / P68

22

model : 키 117cm / size120 착용

반소매의 점프슈트

1년 내내 즐길 수 있도록, P22
의 '깃이 달린 점프슈트'의 소매
를 반소매로 만들고 깃을 없앴습
니다. 봄, 여름에 딱 좋은 단품
으로 즐겨 주세요.

만드는 방법 / P68

model : 키 122cm /size120 착용

테일러드 깃의 코트

봄, 가을 간절기에 활용도 높은 코트입
니다. 안감을 넣으면 훨씬 깔끔하게 마
무리되므로, 디테일의 차이를 느낄 수
있습니다.

만드는 방법 / P74
상의 · 하의 : 반소매의 점프슈트(P23)

model : 키 122cm / size120 착용

소매를 접어서 입으면 훨씬 경쾌한 분위기가 납니다.

특별한 날의 재킷

댄디하지만 아이다운 느낌은 그대로입니다. 전체적으로 부드러운 실루엣으로 깃 없이 마무리했습니다. 가슴을 쫙 펴고 싶어지는, 안감이 있는 재킷입니다.

만드는 방법 / P47
상의 : 작은 깃의 셔츠와 조끼 (P27), 하의 : 턱 주름 바지 (P27)

장식 단추가 달린 원피스

광택 있는 린넨 원단으로 만들면, 격식을 갖춘 행사에 어울리는 특별한 한 벌이 됩니다. 단춧구멍을 만들 필요가 없어 초보자도 도전할 수 있습니다.

만드는 방법 / P55

model : 키 117cm / size120 착용

model : 키 122cm / size120 착용

작은 깃의 셔츠

특별한 날은 물론 일상에서도 활용하기 좋은 기본형 셔츠입니다. 입고 벗기 편하도록 T단추를 달았습니다.

만드는 방법 / P44

조끼 (다른 원단)

품질이 좋은 린넨 원단을 사용하면 화창한 날씨에 딱 어울리는 한 벌이 됩니다. 제대로 느낌을 내고 싶어서 단춧구멍을 만들었습니다.

만드는 방법 / P50

턱 주름 바지 (다른 원단)

P8, P19의 '턱 주름 바지'를 다른 원단으로 만들어서 살짝 정장 느낌이 나도록 했습니다. 물론 착용감이 좋은 일상복으로 입어도 좋습니다.

만드는 방법 / P64

model : 키 117cm / size120 착용

분리형 깃 (각진 깃, 둥근 깃)

특별한 날의 신경 쓴 옷차림에 포인트
가 되는 아이템입니다. 레이스 테이프
로 감싸 준 각진 깃과 심플한 둥근 깃
입니다.

만드는 방법 / P71

P26의 '장식 단추가 달린 원피스'에 깃을 달아서 한껏 멋을 내 봤습니다.
model : 키 122cm /size120 착용

깃 없는 셔츠
(다른 원단)

무늬가 있는 천으로 만들면 캐주얼한 느낌으로 입을 수 있습니다. 특별한 날에 P27의 바지와 함께 입는다면 그 자리의 주인공이 될 수 있습니다.

만드는 방법 / P44
하의: 턱 주름 바지(P27)

model : 키 122cm / size120 착용

단추가 달린 원피스처럼 보이지만
단춧구멍은 필요없습니다!

장식 단추가 달린 원피스(다른 원단)

조금 더 우아한 디자인으로 만들고 싶어서,
실루엣이나 주름의 분량에 신경 썼습니다.
워싱 가공된 느낌의 원단으로 일상복으로
착용해도 세련돼 보이는 아이템입니다.

만드는 방법 / P55

model : 키 130cm /size130 착용

깃 없는 코트

심플한 디자인이니 만큼, 체크 등의
무늬 있는 원단으로 만들어도 귀엽습
니다. 단정하게 보이도록 안감을 덧대
어 주었으며, 만들기 쉽도록 디자인했
습니다.

만드는 방법 / P74
상의 : 깃이 없는 셔츠 (P19), 하의 : 턱 주름
바지(P19)

두께가 있는 소재라서 단춧구멍을 만들기 어려운 경우에는
직경 15~17mm의 스냅단추를 달아 주면 됩니다.

model : 키 128cm /size130 착용

패블럼
블라우스
(P14)

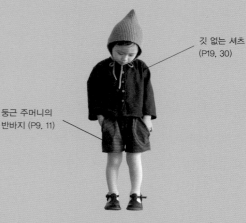

둥근 주머니의
반바지 (P9, 11)

깃 없는 셔츠
(P19, 30)

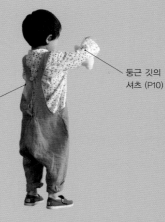

단추가 달린
살로페트 (P6)

둥근 깃의
셔츠 (P10)

개인적으로 가장 좋아하는 색깔을 골
랐습니다. 하의는 테이퍼드 바지 (P4)
size 90 착용.
〈model : 키 100cm/size100 착용〉

모직 원단을 사용하면 가을과 겨울에도
OK. 셔츠의 길이를 짧게 하면 겉옷 대
용으로 입을 수 있습니다.
〈model: 키 100cm/size100 착용〉

살로페트는 머스타드 색상의 린넨 원
단, 셔츠는 작은 꽃무늬 원단으로 맞춰
주었습니다.
〈model : 키 100cm/size100 착용〉

손수 만드는 즐거움!
생각이 디자인으로!

원단을 바꾸거나 사이즈가 바뀌면 느낌이
달라져 새로운 매력을 발견하게 됩니다.
여기서는 색상, 무늬, 소재를 바꾼 어레
인지를 소개합니다. 만드는 사람의 생각
이 표현될 수 있도록 소재 선택부터 즐겨
주세요.

깃이 달린
점프슈트
(P22)

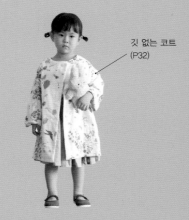

깃 없는 코트
(P32)

반소매로 어레인지. 깅엄체크 원단을
사용하면서, 옷깃만 단색 원단을 선택
해 포인트를 주었습니다.
〈model : 키 100cm/size100 착용〉

아이 느낌이 나는 워싱 면 20~30수
원단으로 만들어 춘추용으로 딱 좋습니
다. 안에 입은 옷은 짧은 소매의 블라
우스와 주름치마. (P20)
〈model : 키 100cm/size100 착용〉

짧은
소매의
원피스
(P12)

오버롤즈
살로페트
(P16)

깃 없는 셔츠
(P19, 30)

무늬가 있는 원단으로
만들어도 멋집니다.
스트라이프 원단을 사용
할 때는 소매의 무늬
방향을 고민해야 합니
다. 아래에는 턱 주름
바지(P27) 착용.
〈model : 키 135cm/
size140 착용〉

살로페트는 깔끔하면서
H 실루엣의 디자인이기
때문에, 큰 아이가 입어
도 좋습니다. 깅엄체크
셔츠를 하나 마련해
두면 편합니다.
〈model : 키 135cm/
size140 착용〉

34

시접이 포함된 패턴을 고집했습니다

책을 만들기로 했을 때, 시접이 포함된 실물 크기의 종이 패턴을 만들고 싶다고 생각했습니다. 시접이 포함되어 있으면 선을 그리는 것만으로도 패턴이 완성되어 매우 편하다고 느꼈기 때문입니다. 여기서는 시접이 포함된 패턴을 다루는 법, 패턴 만드는 법, 원단 재단하는 법, 표시하는 방법을 소개합니다.

Step1 패턴을 만든다

1 패턴지 위에 트레이싱 페이퍼나 패트론 종이 등 투명한 종이를 올리고, 자를 이용해 필요한 사이즈의 두꺼운 선을 베껴 그립니다.

베끼려는 선의 모서리 부분을 마카로 덧그려 두면, 필요한 선을 뒤따라 가면서 찾기가 쉬워 작업이 수월합니다. 지울 수 있는 마카가 좋습니다.

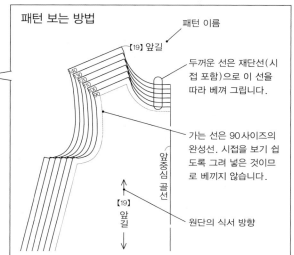

패턴 보는 방법

패턴 이름

【19】앞길

두꺼운 선은 재단선(시접 포함)으로 이 선을 따라 베껴 그립니다.

가는 선은 90사이즈의 완성선. 시접을 보기 쉽도록 그려 넣은 것이므로 베끼지 않습니다.

앞중심 골선

원단의 식서 방향

【19】앞길

2 패턴의 이름과 식서 방향, 맞춤점 등도 패턴에 모두 적어 넣은 후, 두꺼운 선을 따라 자릅니다.

패턴 안의 기호에 대해서

아래의 내용을 잊지 말고 베껴야 합니다.

골선	원단을 반으로 접을 때 접히는 부분
맞춤점	재봉 시 2장의 원단이 어긋나지 않도록 맞춰야 하는 위치
턱 주름	접어서 주름을 만들어야 하는 부분
주름	주름 재봉을 해서 줄여 주어야 하는 부분

Step2 재단한다

1 패턴에 표시된 원단의 식서 방향을 잘 맞춘 후, 원단 위에 패턴을 올려 놓습니다. 시침핀으로 원단과 종이를 함께 살짝 떠서 고정합니다.

2 패턴의 왼쪽에 가위 날이 오도록 하여, 패턴의 선을 따라서 자릅니다.

※왼손잡이용 가위는 패턴의 오른쪽에 가위 날이 오도록 합니다.

3 패턴이 따로 없는 경우, 만드는 방법을 참조합니다. 펜 모양의 초크와 자를 이용해, 원단 안쪽면에 직접 선을 긋고 자르면 됩니다.

※여러 번 만들려면 종이에 선을 그려 패턴을 만들어 두세요.

Step3 맞춤점을 표시한다

1 맞춤점 부분의 시접에 0.3cm 정도의 가위집을 넣습니다.

0.3cm

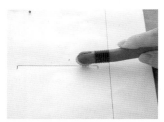

2 주머니나 단추를 다는 위치는 수예용 복사지와 룰렛으로 표시해 둡니다.

Point Lesson

작품을 만들 때 자주 나오는 테크닉에 대해 설명하겠습니다.

목둘레를 바이어스 원단으로 마무리한다 ① / 감싼다

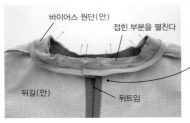

1 미리 다림질로 접어둔 바이어스 원단의 한쪽 접힌 부분을 펼쳐서, 길의 안쪽면과 바이어스 원단의 겉면을 맞추어 빙 둘러 시침핀으로 고정합니다.

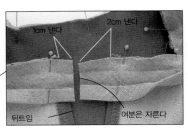

가장자리는 1cm(경우에 따라서는 2cm)를 길의 밖으로 내고, 여분은 자릅니다.

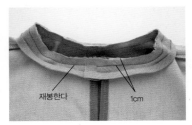

2 시접 1cm를 주고 빙 둘러 재봉합니다.

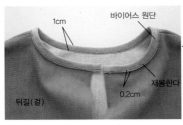

3 바이어스 원단을 길의 겉면으로 넘겨 목둘레를 감쌉니다. 2의 재봉선에 바이어스 원단의 단을 맞추어 재봉합니다.

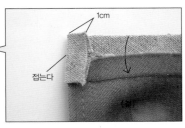

양끝은 1cm를 접어 넣고 재봉합니다.

목둘레를 바이어스 원단으로 마무리한다 ② / 바이어스 원단을 길의 안쪽으로 넘긴다

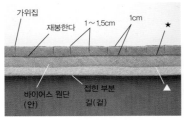

1 「목둘레를 바이어스 원단으로 마무리한다 ①」의 1, 2와 동일하게 작업한다. 단, 길과 바이어스 원단을 겉끼리 마주대어 재봉하고, 시접에 1~1.5cm 간격으로 가위집을 넣어줍니다.

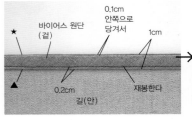

2 바이어스 원단을 1의 재봉 위치에서 길의 안쪽으로 넘긴 후, 1cm씩 2번 접습니다(3등분 접기). 길의 안쪽으로 살짝(0.1cm 쯤) 잡아당겨 다림질로 눌러준 후 재봉합니다.

안쪽으로 살짝 당겨 재봉하면, 바이어스 원단이 겉에서 보이지 않아 깔끔하게 마무리됩니다. 또 2번 접으면 두께가 생겨서 목둘레가 늘어지지 않습니다.

※두꺼운 원단을 사용할 경우, 바이어스 원단은 얇은 것(혹은 시판 바이어스 테이프)이 좋습니다.

고무줄 통과시키는 방법 ① / 일부에만

1 고무줄 끼우개에 납작 고무줄의 끝을 끼우고, 창구멍을 통해 한쪽으로 넣어 반대쪽으로 나오게 합니다.

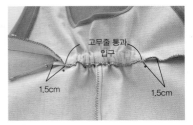

2 고무줄 통과 입구의 양끝에서 고무줄의 끝이 1.5cm 나오게 해서 시침핀으로 고정합니다.

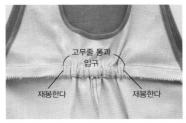

3 고무줄 통과 입구 부분을 재봉해서 고정합니다.

**고무줄을
통과시키는 방법
② / 전체에**

고무줄 통과 입구

납작 고무줄

1 고무줄 끼우개에 납작 고무줄의 끝을
끼우고, 창구멍을 통해 넣어줍니다.

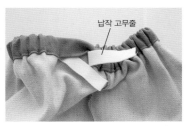

납작 고무줄

2 고무줄이 뒤틀리지 않도록 주의하면
서, 한 바퀴 빙 둘러 준 후 반대쪽 입
구로 빼냅니다.

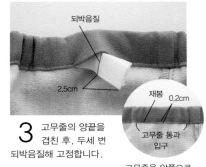

되박음질

2,5cm

재봉

0,2cm

고무줄 통과
입구

3 고무줄의 양끝을
겹친 후, 두세 번
되박음질해 고정합니다.

고무줄을 안쪽으로
집어넣고, 입구를
재봉해 막아줍니다

**둥근 주머니
만드는 방법**

두꺼운 종이

주머니 (안)

1 주머니 원단의 안쪽면에, 주머니 완성
크기로 만든 두꺼운 종이를 올립니다.

1cm 접는다

2 두꺼운 종이의 가장자리를 따라서
1cm씩 빙 둘러 접고, 다림질로 눌러
줍니다.

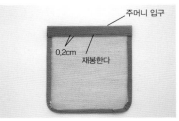

주머니 입구

0,2cm

재봉한다

3 두꺼운 종이를 빼내고, 주머니 입구를
접어 재봉합니다.

**썬그립 T단추
(플라스틱 스냅단추)
다는 방법**

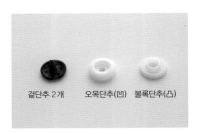

겉단추 2개   오목단추(凹)   볼록단추(凸)

1 하나의 여밈을 위해서는 1세트, 총 4
개의 부속품이 필요합니다.

구멍   겉단추의 뾰족한 부분

2 T단추를 부착할 위치에 송곳으로 구
멍을 뚫고, 헤드의 뾰족한 부분을 꽂
습니다.

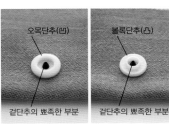

오목단추(凹)   볼록단추(凸)

겉단추의 뾰족한 부분   겉단추의 뾰족한 부분

3 2의 뾰족한 부분 위에 오목단추와 볼
록단추를 얹습니다.

4 T단추기구의 몰드를 단추 크기에 맞
는 것으로 바꾸고, 핸디형 단추기구나
탁상형 단추기구에 끼워 눌러줍니다.

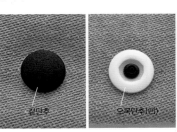

겉단추   오목단추(凹)   볼록단추(凸)

5 완성.

※단추가 잘 닫히지 않는 경우, 기구로 다시 한 번 꾹 눌러 주세요.

【재료】 ※왼쪽부터 90/100/110/120/130/140 사이즈
- 워싱 면 20~30수 (또는 코듀로이) … 110cm 폭 ×
120/130/140/160/180/190cm
- 직경 2cm의 단추 … 1개
- 폭 1.2cm의 납작한 고무줄 … 10cm 1줄

【 실물 크기 패턴 】
A면【2】
앞길, 뒤길, 앞바지, 뒤바지, 안단

【 완성 사이즈 】 ※왼쪽부터 90/100/110/120/130/140 사이즈
허리둘레 = 83.5/87.5/91.5/95.5/99.5/103.5cm
(고무줄 넣기 전 치수)
총길이 = 72.5/80.5/90.5/100.5/110.5/120.5cm
(앞길 목둘레 중간 지점부터 아랫단까지)

【 재단 방법 】
※위부터
90/100/110/120/130/140 사이즈
※ 루프는 원단에 직접 선을 그어
서 재단

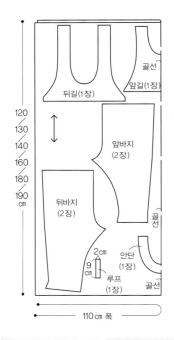

【 만드는 방법 】

① 길과 안단을 재봉해서 합친다

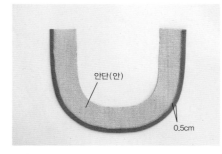

1   안단의 아랫단을 0.5cm 안쪽으로 접어 다림
질합니다.

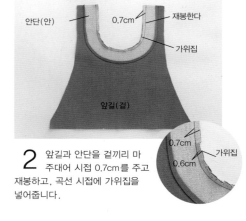

2   앞길과 안단을 겉끼리 마
주대어 시접 0.7cm를 주고
재봉하고, 곡선 시접에 가위집을
넣어줍니다.

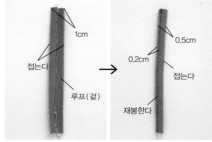

3   루프의 양단을 중심에 맞춰 접고, 다시 반으
로 접어 재봉합니다.

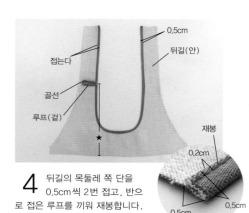

4   뒤길의 목둘레 쪽 단을
0.5cm씩 2번 접고, 반으
로 접은 루프를 끼워 재봉합니다.

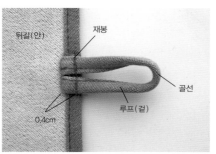

5   루프를 오른쪽으로 꺾어서 되박음질로 고정합
니다.

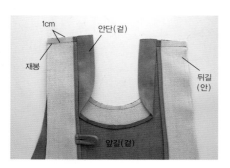

6   앞길·뒤길을 겉끼리 마주대어, 시접 1cm를
주고 어깨를 재봉합니다. 이때 안단이 재봉되
지 않도록 주의하세요.

38
★ = 17/18/19/20/21/22cm
※왼쪽부터   90/100/110/120/130/140 사이즈

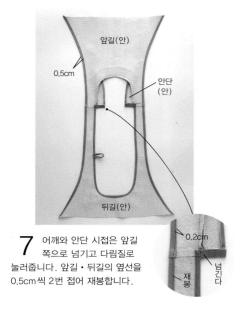

7 어깨와 안단 시접은 앞길 쪽으로 넘기고 다림질로 눌러줍니다. 앞길·뒤길의 옆선을 0.5cm씩 2번 접어 재봉합니다.

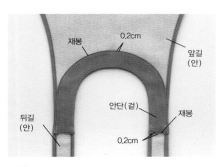

8 안단의 겉면이 보이도록 뒤집은 후 재봉해 고정합니다.

② 바지를 만든다

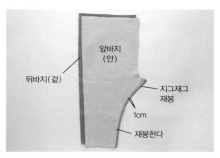

9 앞바지와 뒤바지를 겉끼리 마주대어, 시접 1cm를 주고 밑아래를 재봉합니다.

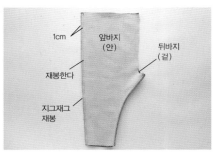

10 시접 1cm를 주고 바지 옆선을 재봉하고, 2장의 옆선 시접을 함께 지그재그 재봉합니다. 시접은 바지 뒤쪽으로 넘깁니다. 다른 한쪽도 같은 방법으로 재단합니다.

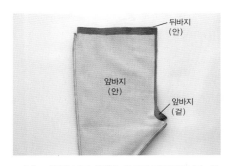

11 재봉한 바지 한쪽을 겉으로 뒤집어줍니다. 바지 두 쪽이 겉끼리 마주 닿도록, 한쪽 안에 다른 쪽을 넣어줍니다.

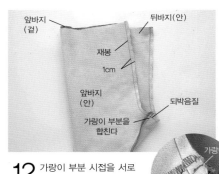

12 가랑이 부분 시접을 서로 반대 방향이 되게 넘긴 상태에서, 시접 1cm를 주고 밑위를 재봉합니다. 가랑이 부분은 되박음질 합니다.

③ 길과 바지를 재봉해 합친다

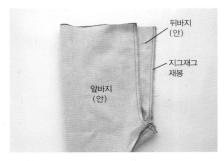

13 밑위 시접 2장을 함께 지그재그 재봉하고, 시접은 왼쪽으로 넘깁니다. 바지를 겉으로 뒤집어 줍니다.

14 앞바지와 앞길을 겉끼리 마주대어, 시접 1cm를 주고 재봉합니다.

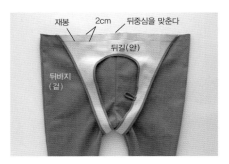

15 뒤바지와 뒤길을 겉끼리 마주대어, 시접 2cm를 주고 재봉합니다.

※ 뒤길은 바지 가랑이 부분을 통과시켜서, 뒤바지와 맞춰줍니다.

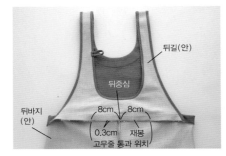

④ 고무줄을 넣어 마무리한다

16 좌우 옆선에서 3cm 안쪽 지점에서, 위에서 아래로 5cm 간격을 재봉합니다. 시접은 앞쪽으로 넘깁니다.

17 허리의 시접 부분을 한 바퀴 빙 둘러서 지그재그 재봉합니다.

18 길을 위로 올리고, 시접은 바지 쪽으로 넘깁니다. 뒤바지의 고무줄 통과 위치(16cm)를 재봉합니다.　　　　　※모든 사이즈 공통.

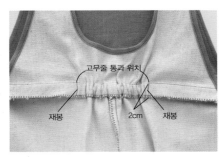

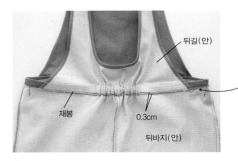

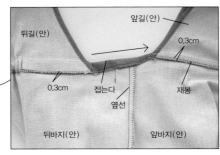

19 납작한 고무줄을 넣고 되박음질로 고정합니다. (P36 「고무줄 통과시키는 방법 ①」 참조)

20 고무줄이 들어가지 않은 부분을 한 바퀴 빙 둘러 재봉한다.

앞뒤의 허리 시접 넓이가 다르므로, 옆선 부분이 자연스럽게 연결되도록 접어 재봉합니다.

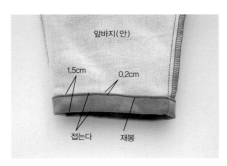

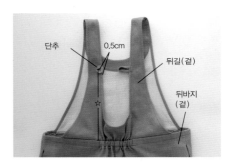

21 아랫단을 1.5cm씩 2번 접어 재봉합니다.

22 뒤길에 단추를 답니다.

☆ = 15/16/17/18/19/20cm
※왼쪽부터 90/100/110/120/130/140 사이즈

HOW TO MAKE

시작하면서

- 이 책의 작품은 신장 90 · 100 · 110 · 120 · 130 · 140의 6가지 사이즈로 소개됩니다. 아래의 사이즈 표와 각 작품의 완성 사이즈를 기준으로 선택하세요.

- 각 작품의 재단 방법은 100 사이즈 기준입니다. 사이즈나 원단이 달라지면 배치가 달라질 수 있으므로, 재단 전에 반드시 패턴 전체를 원단에 배치해 보시기 바랍니다.

- 재료 중 '납작한 고무줄 40/42/44/46/48/50cm'로 표기된 곳은, 왼쪽부터 각각 90/100/110/120/130/140 사이즈에 대응한다는 의미입니다. 즉 90 사이즈는 40cm, 100 사이즈는 42cm라는 뜻입니다. 자 녀의 허리둘레에 맞춰 조절하세요.

- 이 책의 패턴은 모두 실물 크기로 시접이 포함되어 있습니다. 따로 시접을 그릴 필요가 없습니다. 여기서 가는 선은 90 사이즈의 완성선이고, 두꺼운 선이 재단선입니다. 재단선을 베껴 그려서 패턴을 만들면 됩니다.

- 치마나 소맷부리 덧단 등, 사각형 패턴은 제공되지 않을 수 있습니다. 재단 방법을 참조해 원단에 직접 그려주세요.

사이즈 표

- 단위는 cm입니다.

- 옷을 입지 않은 상태의 치수입니다. 아래의 표를 보고 가까운 사이즈를 선택하세요. 사이즈 선택이 어려운 경우, 품(가슴둘레)을 기준으로 선택하고, 길이는 아이의 키에 맞춰 조정하세요.

사이즈	90	100	110	120	130	140
키	85~95	95~105	105~115	115~125	125~135	135~145
가슴둘레	50	54	58	62	66	70
허리둘레	47	49	51	53	55	57
엉덩이둘레	53	57	61	64	68	72

완성 사이즈에 대하여

옷의 길이는 윗단 뒤중심에서 아랫단까지의 길이를 말합니다. 바지의 길이는 옆선의 윗단부터 아랫단까지(벨트 제외)입니다.

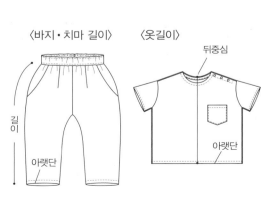

〈바지 · 치마 길이〉 〈옷길이〉

재봉의 기초

원단을 준비한다(물세탁 & 올 바로잡기)

완성된 옷을 세탁했을 때, 줄어들거나 뒤틀리지
않도록 재단 전에 물에 적셔주는 것이 좋습니다.
다만, 물에 담그면 변질이 되는 원단은 이 과정을
생략하세요. 폴리에스테르 혼방 원단은 물 세탁
이 필요 없습니다.

※ 울(모직) 원단의 경우
물세탁은 하지 않습니다. 표면에 물을 분무해 원단 전체를
적신 후, 수분이 날아가지 않도록 비닐 봉지에 넣습니다.
하룻밤 지난 후 꺼내서 안쪽면을 다림질해 원단을 정리하
면 됩니다.

◎ 물세탁, 올 바로잡는 방법

1
씨실 한 올을 원단의 폭만큼 뽑아낸
후, 뽑은 선에 맞춰 재단합니다. 모서
리가 직각이 되도록 손으로 당겨주고
뒤틀림을 바로잡습니다.

2
1시간 정도 물에 담근 후, 세탁기로 가
볍게 탈수해 원단을 정돈하고 그늘에
서 말립니다. 살짝 덜 마른 상태가 될
때까지 해주세요.

3
원단의 가로세로 결이 직각이 되도록
정돈하고, 원단 안쪽면에 다림질합니
다.

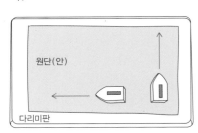

패턴 만드는 방법, 재단 방법, 맞춤점 표시하는 방법은 P35

접착심지를 붙인다

재단 방법의 그림에서 접착심지를 붙이라는 지시가 있으면, 원단 안
쪽 면에 접착심지를 붙입니다. 접착심지에는 다양한 종류가 있지만,
니트 원단 이외에는 직조 타입을, 니트 원단에는 니트 타입을 추천합
니다. 의류용 실크 접착심지도 괜찮습니다.

◎ 접착심지를 붙이는 방법

패턴보다 여유 있게 자른 원단 위에 접착심지를 붙이고, 패턴의 모양대로
잘라줍니다.

point

원단 안쪽면에 접착심지의 접착제
가 붙은 쪽을 놓고, 다른 천을 1장
올려서 가장자리에서부터 균일하
게 압력을 가합니다. 조금씩 이동
하면서 붙지 않은 곳이 없도록 하
고, 식을 때까지 그대로 둡니다.

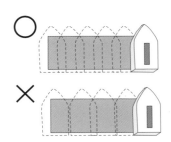

목둘레용 바이어스 원단 만드는 방법

원단의 식서 방향과 45도가 되도록 선을 그려
주고, 이 선과 평행선이 되도록 재단합니다.

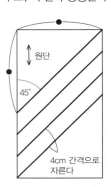

바늘과 실을 준비한다

재봉틀 바늘과 실은 원단에 맞는 것을 선택합니다.

원단의 종류	재봉바늘	재봉실
얇은 원단(60수 아사면, 보일 원단 등)	7, 9호	90번
보통 원단(린넨, 얇은 모직, 40수 원단 등)	9, 11호	60번
두꺼운 원단(데님 스판, 두꺼운 모직, 20수 원단 등)	11, 14호	60~30번

재봉틀로 재봉하기

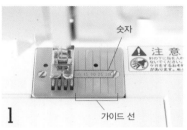

숫자

注意

가이드 선

1
재봉틀의 침판에 붙어 있는 가이드 선을 사용해 재봉합니다. 숫자는 바늘이 꽂히는 위치로부터의 거리(=시접의 폭)를 나타냅니다.

원단의 끝

가이드 선

2
만드는 방법에 제시된 시접 폭을 참조해 가이드 선을 선택합니다. 가이드 선과 원단의 끝을 가지런히 맞추어 재봉하세요.

◎ 가이드 선이 없는 재봉틀의 경우

바늘이 꽂히는 위치에서 수직이 되도록 시접 분량을 잡은 후, 그 위치에 마스킹 테이프를 붙입니다. 마스킹 테이프의 끝과 원단의 끝을 가지런히 맞추어 재봉합니다.

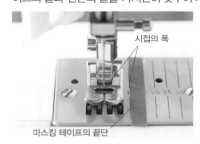

시접의 폭

마스킹 테이프의 끝단

턱 주름 잡는 방법

사선의 높은 쪽에서 낮은 쪽을 향해 접어서, ○과 ★의 선이 겹쳐지도록 합니다.

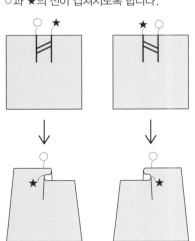

스냅단추를 다는 기본적인 방법

실 매듭

1
실 매듭을 만들어 한 땀을 뜨고, 여기에 단춧구멍을 통과시킵니다.

2 나옴
1 들어감

2
그림처럼 바늘로 원단을 떠서, 만들어진 고리 모양에 바늘을 통과시킵니다.

3
2와 동일한 방법으로 모든 구멍에 땀을 뜨고, 구멍 가장자리에 매듭을 지어줍니다.

실 매듭

4
스냅단추의 아래쪽으로 통과시킨 실을 자릅니다.

공그르기

원단 2장의 시접을 접어 맞댑니다. 실이 ㄷ자 모양으로 연결되도록, 원단 사이를 동일한 간격으로 건너뛰어 가면서 땀을 떠줍니다.

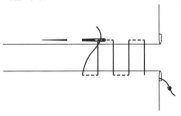

감침질

바늘을 비스듬히 꽂아서 반대쪽의 원단을 약간 뜨고(겉에서 보이지 않도록), 다시 앞쪽 원단을 떠서 바늘을 빼냅니다.

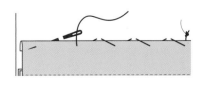

43

P27　작은 깃의 셔츠

P10　둥근 깃의 셔츠

P19, 30　깃 없는 셔츠

【 재료 】 ※ 왼쪽부터 90/100/110/120/130/140 사이즈

〈작은 깃의 셔츠〉

・ 워싱 면 20~30수 … 110cm 폭 × 120/130/140/150/160/170cm

・ 접착심지 … 20 × 40cm

・ 직경 0.9cm의 T단추(SUN15–60) … 5세트

〈둥근 깃의 셔츠〉

・ 워싱 면 20~30수 … 108cm 폭 × 100/110/120/130/150/160cm

・ 접착심지 … 20 × 40cm

・ 직경 0.8cm 스냅단추(SUN10–02) … 5세트

〈깃 없는 셔츠〉

・ 워싱 린넨 원단 … 110cm 폭 × 120/130/1140/150/160/170cm

・ 직경 1.1cm의 단추 … 5개

【 실물 크기 패턴 】

B면【5】【6】【7】

앞길, 뒤길, 소매, 요크, 깃

※〈깃 없는 셔츠〉는 깃이 필요 없음

【 완성 사이즈 】 ※ 왼쪽부터 90/100/110/120/130/140 사이즈

가슴둘레 = 73/76/80/84/89/93cm

옷길이 = 40/44/49/52/57/61cm (깃은 제외)

【 재단 방법 】

※ 위 또는 왼쪽부터 90/100/110/120/130/140 사이즈

※〈작은 깃의 셔츠〉의 커프스, 〈깃 없는 셔츠〉의 목둘레용 바이어스 원단은 패턴 없이 직접 그려서 만든다.

※ 깃 1장에 접착심지를 붙인다. 원단에 접착심지를 붙인 후 재단한다. (P71 참조)

※ ▨ 은 접착심지를 붙여야 하는 패턴.

【 재봉 순서 】 〈작은 깃의 셔츠〉

1. 재단 방법의 그림을 참조해 원단을 자른다

4. 겉요크・안요크 사이에 앞길을 끼워 재봉한다

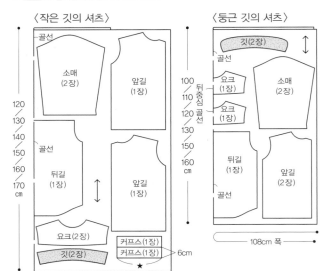

★ = 19.3/20.3/21.3/22.3/23.3/24.3cm

8. 깃을 단다

7. 소매를 단다

6. 소매를 만든다

5. 옆선을 재봉한다

2. 뒤중심의 턱 주름을 잡는다

10. T단추를 단다

3. 겉요크・안요크 사이에 뒤길을 끼워 재봉한다

9. 아랫단을 재봉한다

【 사전 준비 】 ※단위는 cm

・ 앞길의 앞덧단을 접는다

・ 커프스의 한쪽 단을 접는다 〈작은 깃의 셔츠〉

・ 요크 1장(겉요크)만 어깨 시접을 접는다

・ 소맷부리를 1cm씩 2번 접는다 〈둥근 깃의 셔츠〉, 〈깃 없는 셔츠〉

・ 목둘레용 바이어스 원단을 접는다 〈깃 없는 셔츠〉

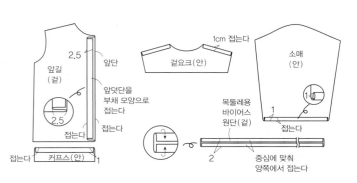

【 재봉 순서 】 〈둥근 깃의 셔츠〉

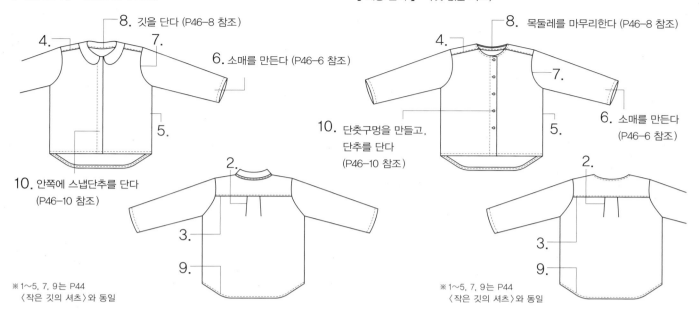

8. 깃을 단다 (P46-8 참조)
4.
7.
6. 소매를 만든다 (P46-6 참조)
5.
10. 안쪽에 스냅단추를 단다
(P46-10 참조)
2.
3.
9.

※ 1~5, 7, 9는 P44
〈작은 깃의 셔츠〉와 동일

【 재봉 순서 】 〈깃 없는 셔츠〉

8. 목둘레를 마무리한다 (P46-8 참조)
4.
7.
6. 소매를 만든다
(P46-6 참조)
10. 단춧구멍을 만들고,
단추를 단다
(P46-10 참조)
5.
2.
3.
9.

※ 1~5, 7, 9는 P44
〈작은 깃의 셔츠〉와 동일

【 만드는 방법 】 ※단위는 cm ※기본은 〈작은 깃의 셔츠〉

2. 뒤중심의 턱 주름을 잡는다

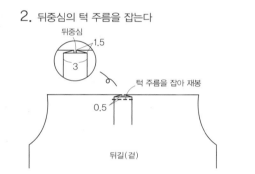

뒤중심
1.5
3
턱 주름을 잡아 재봉
0.5
뒤길(겉)

3. 겉요크·안요크 사이에 뒤길을 끼워 재봉한다

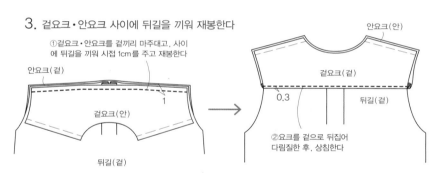

①겉요크·안요크를 겉끼리 마주대고, 사이에 뒤길을 끼워 시접 1cm를 주고 재봉한다
안요크(겉)
겉요크(안)
뒤길(겉)
안요크(안)
겉요크(겉)
0.3
뒤길(겉)
1
②요크를 겉으로 뒤집어 다림질한 후, 상침한다

4. 겉요크·안요크 사이에 앞길을 끼워 재봉한다

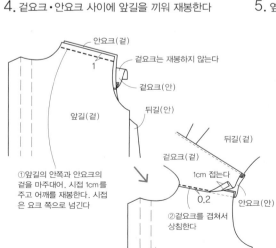

안요크(겉)
겉요크는 재봉하지 않는다
1
겉요크(안)
앞길(겉)
뒤길(안)
①앞길의 안쪽과 안요크의 겉을 마주대어, 시접 1cm를 주고 어깨를 재봉한다. 시접은 요크 쪽으로 넘긴다
겉요크(겉)
뒤길(겉)
1cm 접는다
0.2
안요크(안)
②겉요크를 겹쳐서 상침한다
앞길(겉)

5. 옆선을 재봉한다

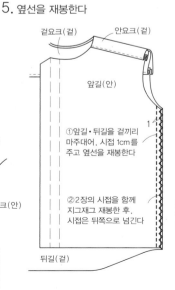

겉요크(겉)
안요크(겉)
앞길(안)
①앞길·뒤길을 겉끼리 마주대어, 시접 1cm를 주고 옆선을 재봉한다
②2장의 시접을 함께 지그재그 재봉한 후, 시접은 뒤쪽으로 넘긴다
1
뒤길(겉)

6. 소매를 만든다

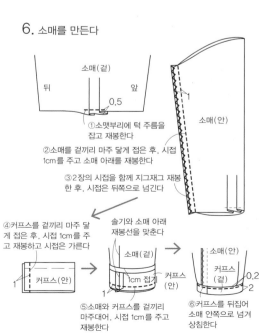

뒤
소매(겉)
앞
0.5
소매(안)
1
①소맷부리에 턱 주름을 잡고 재봉한다
②소매를 겉끼리 마주 닿게 접은 후, 시접 1cm를 주고 소매 아래를 재봉한다
③2장의 시접을 함께 지그재그 재봉한 후, 시접은 뒤쪽으로 넘긴다
④커프스를 겉끼리 마주 닿게 접은 후, 시접 1cm를 주고 재봉하고 시접은 가른다
솔기와 소매 아래 재봉선을 맞춘다
1
커프스(안)
소매(겉)
1cm 접기
커프스(안)
1
소매(안)
커프스(겉)
0.2
2
⑤소매와 커프스를 겉끼리 마주대어, 시접 1cm를 주고 재봉한다
⑥커프스를 뒤집어 소매 안쪽으로 넘겨 상침한다

45

7. 소매를 단다

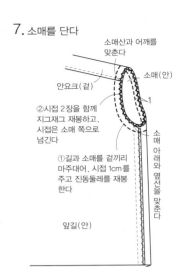

소매산과 어깨를 맞춘다

소매(안)

안요크(겉)

1

②시접 2장을 함께 지그재그 재봉하고, 시접은 소매 쪽으로 넘긴다

①길과 소매를 겉끼리 마주대어, 시접 1cm를 주고 진동둘레를 재봉한다

소매 아래와 옆선을 맞춘다

앞길(안)

뒤길(겉)

8. 깃을 단다

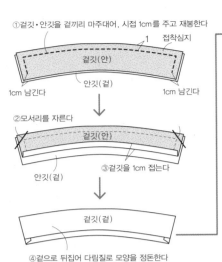

①겉깃·안깃을 겉끼리 마주대어, 시접 1cm를 주고 재봉한다

1

접착심지

겉깃(안)

안깃(겉)

1cm 남긴다   1cm 남긴다

②모서리를 자른다

겉깃(안)

안깃(겉)

③겉깃을 1cm 접는다

겉깃(겉)

④겉으로 뒤집어 다림질로 모양을 정돈한다

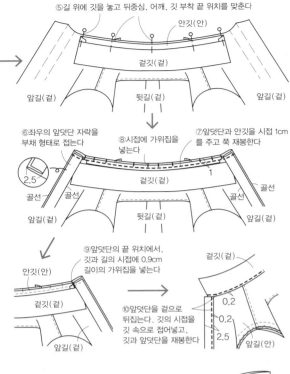

⑤길 위에 깃을 놓고 뒤중심, 어깨, 깃 부착 끝 위치를 맞춘다

안깃(안)

겉깃(겉)

앞길(겉)   뒷길(겉)   앞길(겉)

⑥좌우의 앞덧단 자락을 부채 형태로 접는다

2.5

골선   골선

⑧시접에 가위집을 넣는다

⑦앞덧단과 안깃을 시접 1cm를 주고 쭉 재봉한다

1

겉깃(겉)

앞길(겉)   뒷길(겉)   골선   앞길(겉)

안깃(안)

겉깃(겉)

앞길(겉)

⑨앞덧단의 끝 위치에서, 깃과 길의 시접에 0.9cm 길이의 가위집을 넣는다

⑩앞덧단을 겉으로 뒤집는다. 깃의 시접을 깃 속으로 접어넣고, 깃과 앞덧단을 재봉한다

겉깃(겉)

0.2

0.2

2.5

앞길(겉)

9. 아랫단을 재봉한다

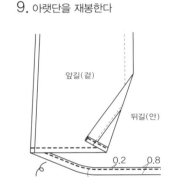

앞길(겉)

뒤길(안)

0.2   0.8

0.7

0.7cm, 0.8cm로 2번 접어 재봉한다

10. T단추를 단다

안깃(겉)   안깃(겉)

앞길(겉)   앞길(겉)

안쪽에

(凸)   (凹)

T단추 (다는 방법은 P37. 다는 위치는 패턴 참조)

〈둥근 깃의 셔츠, 깃 없는 셔츠〉

6. 소매를 만든다

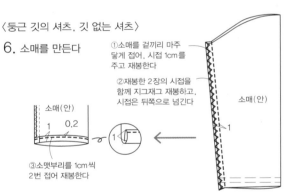

①소매를 겉끼리 마주 닿게 접어, 시접 1cm를 주고 재봉한다

②재봉한 2장의 시접을 함께 지그재그 재봉하고, 시접은 뒤쪽으로 넘긴다

소매(안)

1   0.2

1

소매(안)

1

③소맷부리를 1cm씩 2번 접어 재봉한다

〈둥근 깃의 셔츠〉

8. 깃을 단다

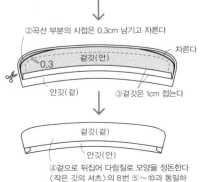

①겉깃·안깃을 겉끼리 마주 닿게 접어, 시접 1cm를 주고 재봉한다

접착심지

겉깃(안)

1

안깃(겉)

1cm 남긴다   1cm 남긴다

②곡선 부분의 시접은 0.3cm 남기고 자른다

0.3   겉깃(안)   자른다

안깃(겉)   ③겉깃은 1cm 접는다

겉깃(겉)

안깃(안)

④겉으로 뒤집어 다림질로 모양을 정돈한다 〈작은 깃의 셔츠〉의 8번 ⑤~⑩과 동일하게 만든다

10. 안쪽에 스냅단추를 단다

안깃(겉)   안깃(겉)

앞길(겉)   앞길(겉)

겉에서 표시 나지 않도록 단다

스냅단추 (다는 방법은 P43. 다는 위치는 패턴 참조)

(凸)   (凹)

〈깃 없는 셔츠〉

8. 목둘레를 마무리한다

①앞덧단을 접는다. 길과 바이어스 원단을 겉끼리 마주대어, 시접 1cm를 주고 목둘레를 재봉한다. 시접에 가위집을 넣는다 (P36 「목둘레를 바이어스 원단으로 마무리한다 ②」 참조)

1cm 남긴다

바이어스 원단(겉)

목둘레용 바이어스 원단(안)

1   0.2

접는다

앞길(겉)

여분은 자른다

앞길(안)

2.5   0.2

③재봉한다

2.5

②바이어스 원단을 길의 안쪽으로 넘기고, 앞덧단을 겉으로 뒤집어 목둘레와 앞덧단을 재봉한다

10. 단춧구멍을 만들고, 단추를 단다

단추에 맞춰 단춧구멍을 만든다

1.5   1.5

0.5   1.25   ★ 앞길(겉)

앞길(겉)

단춧구멍   단추

★ = 5/5.5/6.5/7/7.8/8.5
※왼쪽부터 90/100/110/120/130/140 사이즈

P26 특별한 날의 재킷

【 재료 】 ※ 왼쪽부터 90/100/110/120/130/140 사이즈
- 겉감: 린넨 ··· 110cm 폭 × 100/100/110/120/150/160cm
- 안감: 광택 있는 면 새틴(40~60수) ··· 110cm 폭 ×
  90/90/100/110/150/160cm
- 직경 1.5cm의 단추 ··· 2개

【 실물 크기 패턴 】
C면【12】
앞길, 뒤길, 옆판, 바깥소매, 안소매, 앞안단, 뒤안단, 주머니

【 완성 사이즈 】 ※ 왼쪽부터 90/100/110/120/130/140 사이즈
가슴둘레 = 69/73/77/81/85/89cm
옷길이 = 34/37/40/44.5/49/54cm

【 재단 방법 】

※ 위부터 90/100/110/120/130/140 사이즈
겉감(린넨)

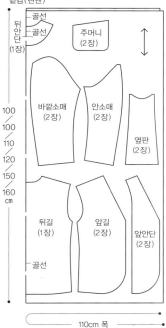

안감(면 새틴 40~60수)

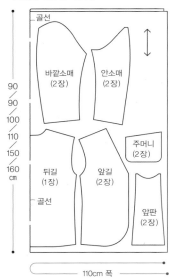

【 재봉 순서 】

1. 재단 방법의 그림을 참조해 원단을 자르고, 사전 준비를 한다

2. 앞길·뒤길의 안감에 각각 안단을 달아준다

9. 단춧구멍을 만들고 단추를 단다

5. 길의 겉감 어깨를 재봉한다

7. 길의 겉감에 소매를 단다
※ 3, 5, 6−①, 7과 동일하게 안감으로도 길을 만든다

4. 주머니를 단다

2.

8.

6. 안소매·바깥소매의 겉감을 재봉해 합친다

3. 앞길·뒤길의 겉감과 옆판 겉감을 재봉해 합친다

8. 길의 겉감과 안감을 재봉해 합친다

8.

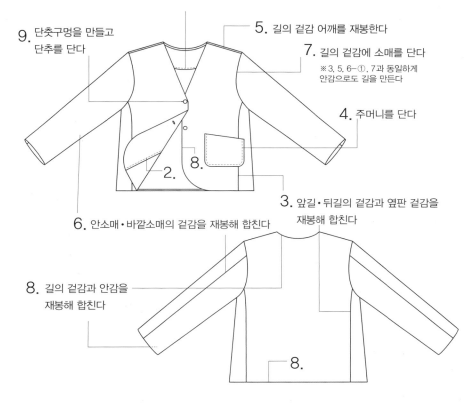

【 사전 준비 】 ※단위는 cm
- 그림과 같이 앞뒤 안단의 단을 0.7cm 접어준다

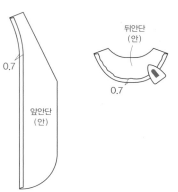

0.7

앞안단
(안)

뒤안단
(안)

0.7

2. 앞길・뒤길의 안감에 각각 안단을 달아준다

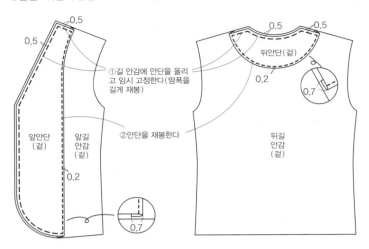

0.5
0.5
0.5
0.5
0.2

①길 안감에 안단을 올리고 임시 고정한다(땀폭을 길게 재봉)

②안단을 재봉한다

뒤안단(겉)

0.7

앞안단
(겉)

앞길
안감
(겉)

0.2

뒤길
안감
(겉)

0.7

3. 앞길・뒤길의 겉감과 옆판 겉감을 재봉해 합친다

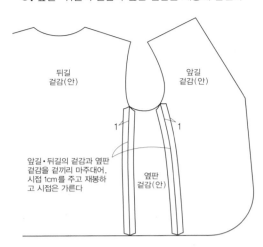

뒤길
겉감
(안)

앞길
겉감
(안)

1
1

앞길・뒤길의 겉감과 옆판 겉감을 겉끼리 마주대어, 시접 1cm를 주고 재봉하고 시접은 가른다

옆판
겉감
(안)

4. 주머니를 단다

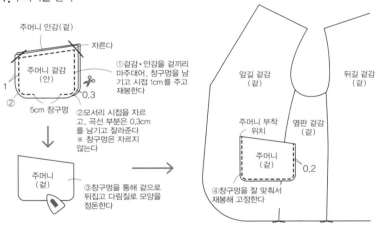

주머니 안감(겉)

자른다

주머니 겉감
(안)

1

②

0.3

5cm 창구멍

①겉감・안감을 겉끼리 마주대어, 창구멍을 남기고 시접 1cm를 주고 재봉한다

②모서리 시접을 자르고, 곡선 부분은 0.3cm를 남기고 잘라준다
※ 창구멍은 자르지 않는다

주머니
(겉)

③창구멍을 통해 겉으로 뒤집고 다림질로 모양을 정돈한다

앞길 겉감
(겉)

뒤길 겉감
(겉)

주머니 부착
위치

옆판 겉감
(겉)

주머니
(겉)

0.2

④창구멍을 잘 맞춰서 재봉해 고정한다

5. 겉감의 어깨를 재봉한다

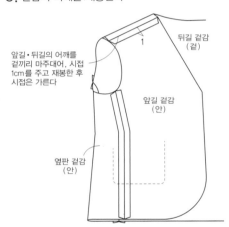

1

뒤길 겉감
(겉)

앞길・뒤길의 어깨를 겉끼리 마주대어, 시접 1cm를 주고 재봉한 후 시접은 가른다

앞길 겉감
(안)

옆판 겉감
(안)

6. 안소매・바깥소매의 겉감을 재봉해 합친다

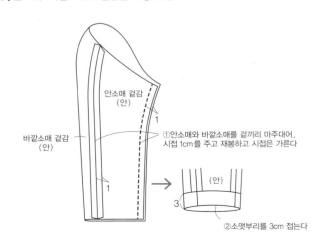

안소매 겉감
(안)

1

바깥소매 겉감
(안)

①안소매와 바깥소매를 겉끼리 마주대어, 시접 1cm를 주고 재봉하고 시접은 가른다

1

(안)

3

②소맷부리를 3cm 접는다

7. 길의 겉감에 소매를 단다

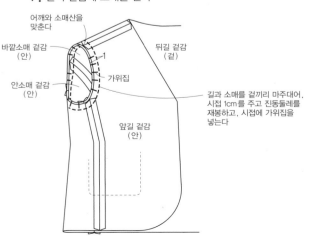

어깨와 소매산을
맞춘다

바깥소매 겉감
(안)

1

뒤길 겉감
(겉)

안소매 겉감
(안)

가위집

길과 소매를 겉끼리 마주대어, 시접 1cm를 주고 진동둘레를 재봉하고, 시접에 가위집을 넣는다

앞길 겉감
(안)

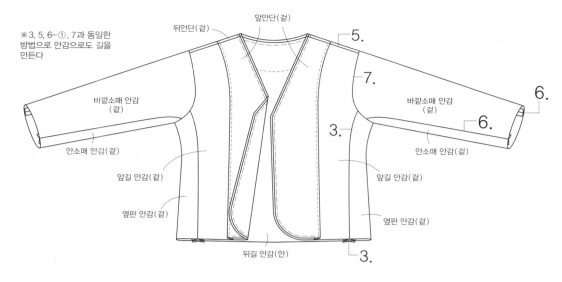

※3, 5, 6-①, 7과 동일한
방법으로 안감으로도 길을
만든다

뒤안단(겉)
앞안단(겉)

5.

7.

6.

6.

3.

3.

3.

바깥소매 안감
(겉)

바깥소매 안감
(겉)

안소매 안감(겉)

안소매 안감(겉)

앞길 안감(겉)

앞길 안감(겉)

옆판 안감(겉)

옆판 안감(겉)

뒤길 안감(안)

8. 길의 겉감과 안감을 재봉해 합친다

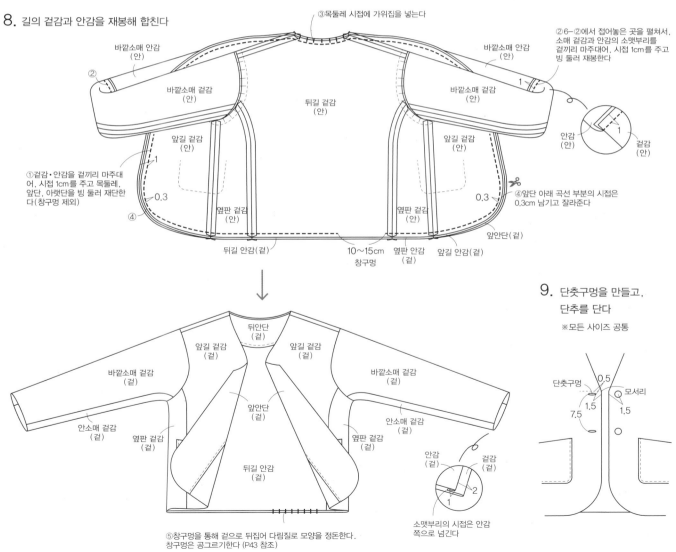

③목둘레 시접에 가위집을 넣는다

바깥소매 안감
(안)

②

바깥소매 겉감
(안)

뒤길 겉감
(안)

앞길 겉감
(안)

바깥소매 안감
(안)

②6-②에서 접어놓은 곳을 펼쳐서,
소매 겉감과 안감의 소맷부리를
겉끼리 마주대어, 시접 1cm를 주고
빙 둘러 재봉한다

바깥소매 겉감
(안)

앞길 겉감
(안)

1

안감
(안)

1

겉감
(안)

①겉감・안감을 겉끼리 마주대
어, 시접 1cm를 주고 목둘레,
앞단, 아랫단을 빙 둘러 재단한
다(창구멍 제외)

1

0.3

④

옆판 겉감
(안)

옆판 겉감
(안)

0.3

④앞단 아래 곡선 부분의 시접은
0.3cm 남기고 잘라준다

앞안단(겉)

뒤길 안감(겉)

10~15cm
창구멍

옆판 안감
(겉)

앞길 안감
(겉)

9. 단춧구멍을 만들고,
단추를 단다

※모든 사이즈 공통

바깥소매 겉감
(겉)

앞길 겉감
(겉)

뒤안단
(겉)

앞길 겉감
(겉)

바깥소매 겉감
(겉)

안소매 겉감
(겉)

옆판 겉감
(겉)

앞안단
(겉)

안소매 겉감
(겉)

옆판 겉감
(겉)

뒤길 안감
(겉)

안감
(겉)

겉감
(겉)

2

1

소맷부리의 시접은 안감
쪽으로 넘긴다

⑤창구멍을 통해 겉으로 뒤집어 다림질로 모양을 정돈한다.
창구멍은 공그르기한다 (P43 참조)

단춧구멍

0.5

모서리

1.5

1.5

7.5

49

P8, 27 조끼

【 재료 】 ※ 왼쪽부터 90/100/110/120/130/140 사이즈

〈P8, 27 공통〉
- 겉감: 울 린넨(P8), 린넨(P27) … 110cm 폭 × 40/50/50/60/60/60cm
- 안감: 면 새틴 40～60수(P8), 린넨(P27) … 110cm 폭 × 40/50/50/60/60/60cm

〈P8〉
- 직경 1.1cm의 단추 … 5개
- 직경 0.8cm의 스냅단추(SUN10-02) … 3세트

〈P27〉
- 직경 0.9cm의 단추 … 3개

【 실물 크기 패턴 】

C면【11】

앞길, 뒤길

【 완성 사이즈 】 ※ 왼쪽부터 90/100/110/120/130/140 사이즈

가슴둘레 = 69/72/76/80/83/86cm

옷길이 = 29/32/35/39/42/46cm

【 재단 방법 】

※ 위부터 90/100/110/120/130/140 사이즈

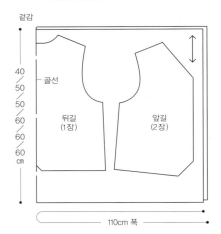

겉감

40/50/50/60/60/60 cm

골선

뒤길
(1장)

앞길
(2장)

110cm 폭

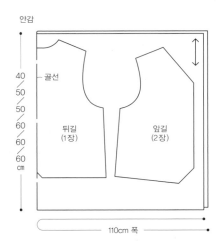

안감

40/50/50/60/60/60 cm

골선

뒤길
(1장)

앞길
(2장)

110cm 폭

【 재봉 순서 】 ※기본은 P8로 설명

1. 재단 방법의 그림을 참조해 원단을 자른다

4. 어깨를 재봉한다

3. 겉감과 안감을 재봉해 합친다

5. 단추와 스냅단추를 단다
(P27은 단춧구멍을 만들고, 단추를 단다)

2. 겉감과 안감의 옆선을 각각 재봉한다

【 만드는 방법 】 ※단위는 cm

2. 겉감, 안감의 옆선을 각각 재봉한다

①겉감의 앞길·뒤길을 겉끼리 마주대어, 시접 1cm를 주고 옆선을 재봉한다

1

앞길 겉감
(안)

뒤길 겉감
(겉)

뒤길 겉감
(안)

②다림질로 시접을 가른다

앞길 겉감
(안)

앞길 겉감
(안)

※안감도 같은 방법으로 길을 만든다

3. 겉감과 안감을 재봉해 합친다

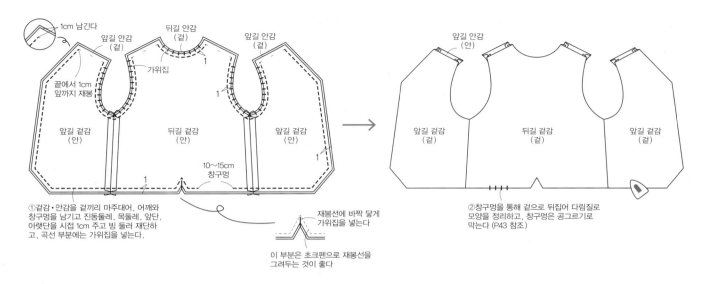

1cm 남긴다

앞길 안감
(겉)

뒤길 안감
(겉)

앞길 안감
(겉)

끝에서 1cm
앞까지 재봉

가위집

앞길 겉감
(안)

뒤길 겉감
(안)

앞길 겉감
(안)

1

10~15cm
창구멍

①겉감·안감을 겉끼리 마주대어, 어깨와
창구멍을 남기고 진동둘레, 목둘레, 앞단,
아랫단을 시접 1cm 주고 빙 둘러 재단하
고, 곡선 부분에는 가위집을 넣는다.

재봉선에 바짝 닿게
가위집을 넣는다

이 부분은 초크펜으로 재봉선을
그려두는 것이 좋다

앞길 안감
(안)

앞길 겉감
(겉)

뒤길 겉감
(겉)

앞길 겉감
(겉)

②창구멍을 통해 겉으로 뒤집어 다림질로
모양을 정리하고, 창구멍은 공그르기로
막는다 (P43 참조)

4. 어깨를 재봉한다

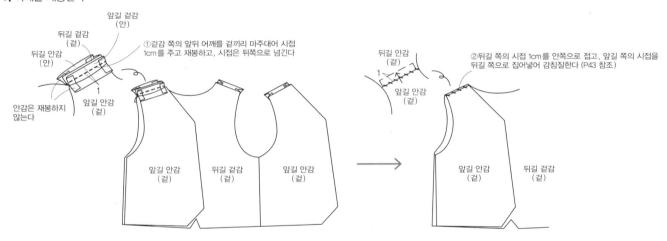

뒤길 겉감
(겉)

앞길 겉감
(안)

뒤길 안감
(안)

①겉감 쪽의 앞뒤 어깨를 겉끼리 마주대어 시접
1cm를 주고 재봉하고, 시접은 뒤쪽으로 넘긴다

앞길 안감
(겉)

안감은 재봉하지
않는다

앞길 안감
(겉)

뒤길 겉감
(겉)

앞길 안감
(겉)

뒤길 안감
(겉)

②뒤길 쪽의 시접 1cm를 안쪽으로 접고, 앞길 쪽의 시접을
뒤길 쪽으로 집어넣어 감침질한다 (P43 참조)

앞길 안감
(겉)

뒤길 겉감
(겉)

5. 단추와 스냅단추 달기

(P27은 단춧구멍을 만들고 단추를 단다)

앞길 겉감
(겉)

2

상하 단추
사이에
동일한
간격으로
달아준다

1

앞길 겉감
(겉)

바깥쪽에 단추
(다는 위치는 패턴 참조)

앞길 겉감
(겉)

앞길 겉감
(겉)

(凸)

(凹)

앞길 안감
(겉)

안쪽에 스냅단추
(다는 방법은 P43, 다는 위치는 패턴 참조)

1

앞길 겉감
(겉)

앞길 겉감
(겉)

단춧구멍
(위치는 패턴 참조)

단추

P20 짧은 소매의 블라우스

【 재료 】 ※ 왼쪽부터 90/100/110/120/130/140 사이즈
- 린넨(COMFY 가공 린넨 KOF−18 OW) … 110cm 폭 ×
  90/100/100/110/110/120cm
  (*워싱 가공된 여름용 워싱 린넨으로 대체 가능−역자주)
- 직경 0.6cm의 스냅단추(SUN10−02) … 1세트

【 실물 크기 패턴 】
D면【19】
앞길, 뒤길, 소매

【 완성 사이즈 】 ※ 왼쪽부터 90/100/110/120/130/140 사이즈
가슴둘레 = 72/76/80/84/88/92cm
옷길이 = 38.5/42/44.5/47.5/51.5/55.5cm

【 재단 방법 】
※ 위부터 90/100/110/120/130/140 사이즈
※목둘레용 바이어스 원단은 직접 원단에 그려서 재단한다

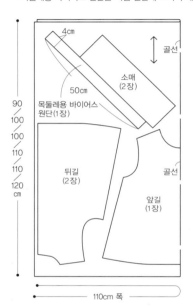

【 재봉 순서 】

1. 재단 방법의 그림을 참조해 원단을 자르고, 사전 준비를 한다

2. 어깨를 재봉한다

9. 목둘레를 마무리한다

8. 소매를 단다

3. 옆선을 재봉한다

5. 뒤트임을 접어 재봉한다

10. 스냅댄추를 단다

6. 옆트임을 접어 재봉한다

7. 아랫단을 재봉한다

4. 뒤중심을 재봉한다

※ 【 만드는 방법 】은 P53, 54의 〈짧은 소매의 원피스〉참조

【 사전 준비 】 ※단위는 cm
- 옆선과 뒤중심에 지그재그 재봉한다
- 소매의 한쪽 단을 1cm 접는다
- 목둘레용 바이어스 원단을 접는다

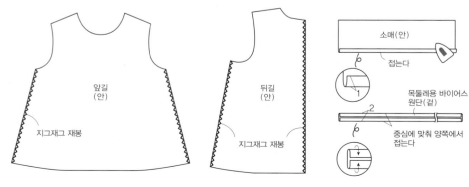

앞길
(안)

지그재그 재봉

뒤길
(안)

지그재그 재봉

소매(안)

접는다

목둘레용 바이어스
원단(겉)

중심에 맞춰 양쪽에서
접는다

P12 짧은 소매의 원피스

【 실물 크기 패턴 】
D면【20】
앞길, 뒤길, 소매

【 재료 】 ※ 왼쪽부터 90/100/110/120/130/140 사이즈
- 린넨 … 110cm 폭 × 100/110/130/150/160/190cm
- 직경 0.6cm 스냅단추(SUN10–02) … 1세트

【 완성 사이즈 】 ※ 왼쪽부터 90/100/110/120/130/140 사이즈
가슴둘레 = 72/76/80/84/88/92cm
옷길이 = 49/53.5/59.5/67/73/83cm

【 재단 방법 】
※ 위부터 90/100/110/120/130/140 사이즈
※목둘레용 바이어스 원단은 원단에 직접 그려서 재단한다

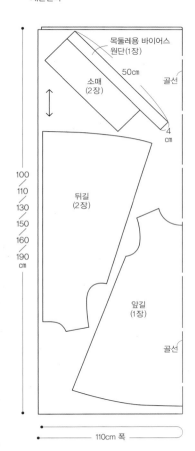

목둘레용 바이어스
원단(1장)
50cm
골선
소매
(2장)
4
cm
100/110/130/150/160/190 cm
뒤길
(2장)
앞길
(1장)
골선
110cm 폭

【 재봉 순서 】

1. 재단 방법의 그림을 참조해 원단을 자르고, 사전 준비를 한다

2. 어깨를 재봉한다
9. 목둘레를 마무리한다
5. 뒤트임을 접어 재봉한다
10. 스냅단추를 단다
8. 소매를 단다
3. 옆선을 재봉한다
4. 뒤중심을 재봉한다
6. 옆트임을 접어 재봉한다
7. 아랫단을 재봉한다

※【 사전 준비 】는 P52의 〈짧은 소매의 블라우스〉 참조

【 만드는 방법 】 ※단위는 cm

2. 어깨를 재봉한다 3. 옆선을 재봉한다

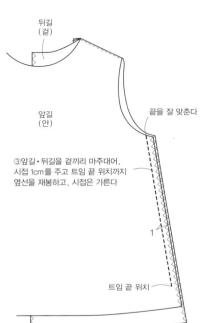

①앞길·뒤길을 겉끼리 마주대어, 시접 1cm를 주고 어깨를 재봉한다

②시접 2장을 함께 지그재그 재봉하고, 시접은 뒤로 넘긴다

앞길
(안)
뒤길
(겉)
1

뒤길
(겉)

앞길
(안)

끝을 잘 맞춘다

③앞길·뒤길을 겉끼리 마주대어, 시접 1cm를 주고 트임 끝 위치까지 옆선을 재봉하고, 시접은 가른다

1

트임 끝 위치

4. 뒤중심을 재봉한다

5. 뒤트임을 접어 재봉한다

6. 옆트임을 접어 재봉한다

7. 아랫단을 재봉한다

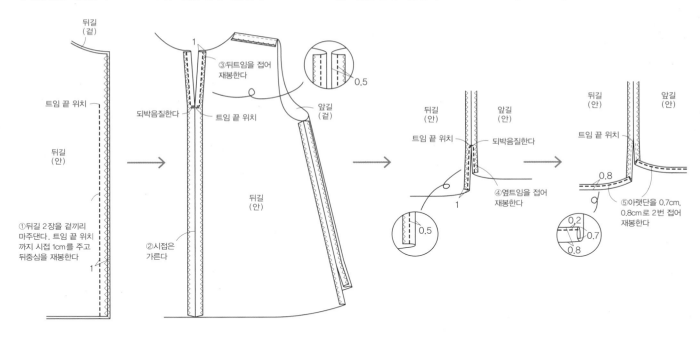

뒤길
(겉)

1

③뒤트임을 접어
재봉한다

트임 끝 위치

앞길
(겉)

되박음질한다

트임 끝 위치

뒤길
(안)

뒤길
(안)

뒤길
(안)

0.5

①뒤길 2장을 겉끼리
마주댄다. 트임 끝 위치
까지 시접 1cm를 주고
뒤중심을 재봉한다

1

②시접은
가른다

뒤길
(안)

앞길
(안)

트임 끝 위치

되박음질한다

④옆트임을 접어
재봉한다

1

0.5

뒤길
(안)

앞길
(안)

트임 끝 위치

0.8

9

⑤아랫단을 0.7cm,
0.8cm로 2번 접어
재봉한다

0.2

0.7

0.8

8. 소매를 단다

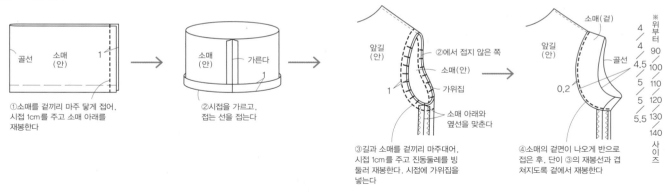

골선

소매
(안)

1

①소매를 겉끼리 마주 닿게 접어,
시접 1cm를 주고 소매 아래를
재봉한다

소매
(안)

가른다

1

②시접을 가르고,
접는 선을 접는다

앞길
(안)

②에서 접지 않은 쪽

소매(안)

가위집

1

소매 아래와
옆선을 맞춘다

③길과 소매를 겉끼리 마주대어,
시접 1cm를 주고 진동둘레를 빙
둘러 재봉한다. 시접에 가위집을
넣는다

소매(겉)

앞길
(안)

골선

0.2

④소매의 겉면이 나오게 반으로
접은 후, 단이 ③의 재봉선과 겹
쳐지도록 겉에서 재봉한다

※위부터	사이즈
4	90
4	100
4.5	110
5	120
5	130
5.5	140

9. 목둘레를 마무리한다

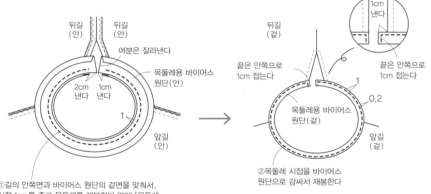

뒤길
(안)

뒤길
(안)

여분은 잘라낸다

목둘레용 바이어스
원단(안)

2cm
낸다

1cm
낸다

1

앞길
(안)

①길의 안쪽면과 바이어스 원단의 겉면을 맞춰서,
시접 1cm를 주고 목둘레를 재봉한다 (P36 「목둘레
를 바이어스 원단으로 마무리한다 ①」 참조)

뒤길
(겉)

끝은 안쪽으로
1cm 접는다

1cm
낸다

끝은 안쪽으로
1cm 접는다

1

0.2

목둘레용 바이어스
원단(겉)

앞길
(겉)

②목둘레 시접을 바이어스
원단으로 감싸서 재봉한다

10. 스냅단추를 단다

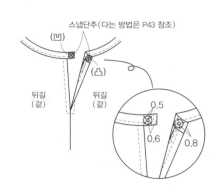

스냅단추 (다는 방법은 P43 참조)

(凹)

(凸)

뒤길
(겉)

뒤길
(겉)

0.5

0.6

0.8

54

장식 단추가 달린 원피스

【 재료 】

〈긴소매〉

• 린넨 …

   (왼쪽부터 90, 100 사이즈) 110cm 폭 × 200/220cm,

   (왼쪽부터 110/120/130/140 사이즈) 140cm 폭 × 220/240/270/300cm

• 직경 1.5cm의 단추(P31), 직경 1cm의 같은 천 싸개단추(P26) … 6개

• 직경 0.8cm의 스냅단추(SUN10-02) … 2세트

【 실물 크기 패턴 】

B면【8】

앞길, 뒤길, 치마, 소매

【 완성 사이즈 】 ※ 왼쪽부터 90/100/110/120/130/140 사이즈

가슴둘레 = 79.5/82.5/86.5/90.5/94.5/98.5cm

옷길이 = 48.5/53.5/61/68.5/77.5/87.5cm

【 재단 방법 】

※ 위 또는 왼쪽부터 90/100/110/120/130/140 사이즈

※소맷부리 덧단과 목둘레 바이어스 원단은 직접 천에
   그려서 재단한다

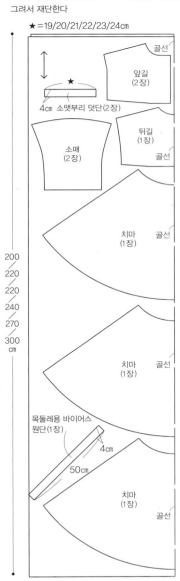

★=19/20/21/22/23/24cm

골선
앞길
(2장)

★
4cm 소맷부리 덧단(2장)

소매
(2장)

뒤길
(1장)
골선

치마
(1장)
골선

200
220
220
240
270
300
cm

치마
(1장)
골선

목둘레용 바이어스
원단(1장)
4cm
50cm

치마
(1장)
골선

110cm 폭 (90/100)
140cm 폭 (110/120/130/140)

【 재봉 순서 】

1. 재단 방법의 그림을 참조해 원단을 자르고, 사전 준비를 한다

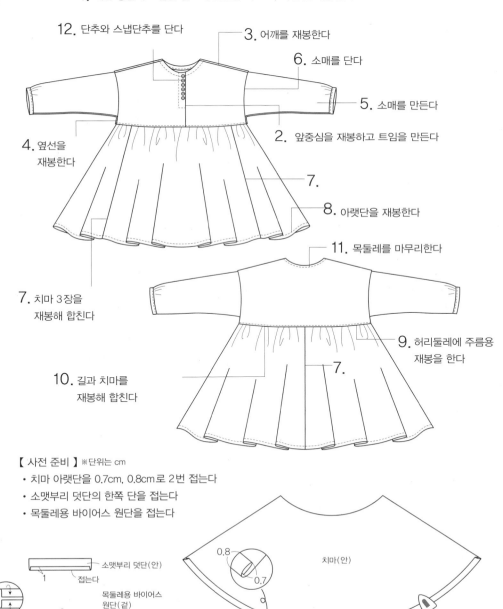

12. 단추와 스냅단추를 단다

3. 어깨를 재봉한다

6. 소매를 단다

5. 소매를 만든다

2. 앞중심을 재봉하고 트임을 만든다

4. 옆선을
  재봉한다

7.

8. 아랫단을 재봉한다

7. 치마 3장을
  재봉해 합친다

11. 목둘레를 마무리한다

9. 허리둘레에 주름용
  재봉을 한다

7.

10. 길과 치마를
   재봉해 합친다

【 사전 준비 】 ※단위는 cm

• 치마 아랫단을 0.7cm, 0.8cm로 2번 접는다

• 소맷부리 덧단의 한쪽 단을 접는다

• 목둘레용 바이어스 원단을 접는다

1
소맷부리 덧단(안)
접는다

목둘레용 바이어스
원단(겉)

2

중심에 맞춰 양쪽에서 접는다

0.8
0.7
치마(안)

접는다

2. 앞중심을 재봉하고, 트임을 만든다

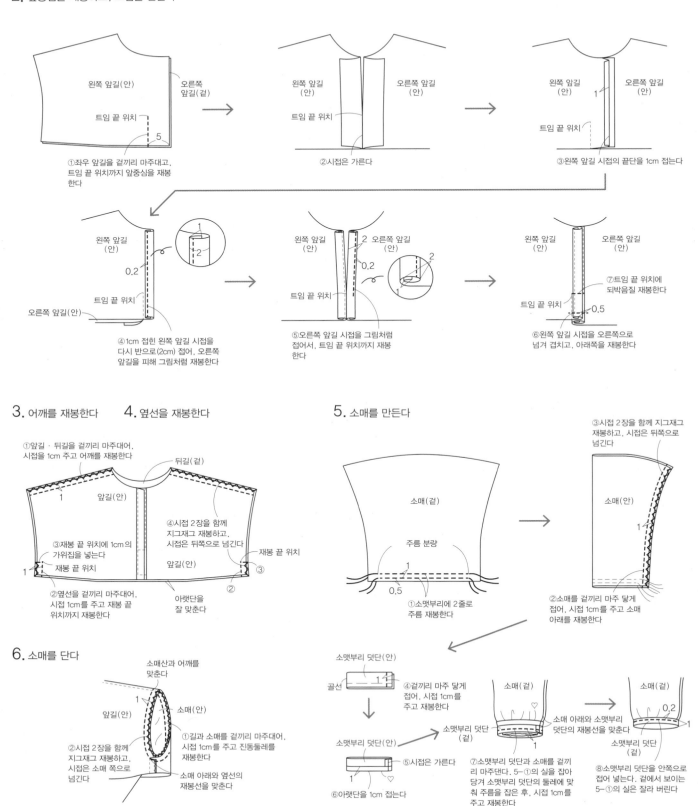

왼쪽 앞길(안)

오른쪽 앞길(겉)

트임 끝 위치

5

①좌우 앞길을 겉끼리 마주대고, 트임 끝 위치까지 앞중심을 재봉한다

왼쪽 앞길(안)

오른쪽 앞길(안)

트임 끝 위치

②시접은 가른다

왼쪽 앞길(안)

오른쪽 앞길(안)

1

트임 끝 위치

③왼쪽 앞길 시접의 끝단을 1cm 접는다

왼쪽 앞길(안)

0.2

트임 끝 위치

오른쪽 앞길(안)

④1cm 접힌 왼쪽 앞길 시접을 다시 반으로(2cm) 접어, 오른쪽 앞길을 피해 그림처럼 재봉한다

왼쪽 앞길(안)

오른쪽 앞길(안)

2

0.2

트임 끝 위치

⑤오른쪽 앞길 시접을 그림처럼 접어서, 트임 끝 위치까지 재봉한다

왼쪽 앞길(안)

오른쪽 앞길(안)

⑦트임 끝 위치에 되박음질 재봉한다

트임 끝 위치

0.5

⑥왼쪽 앞길 시접을 오른쪽으로 넘겨 겹치고, 아래쪽을 재봉한다

3. 어깨를 재봉한다

①앞길·뒤길을 겉끼리 마주대어, 시접을 1cm 주고 어깨를 재봉한다

뒤길(겉)

앞길(안)

1

④시접 2장을 함께 지그재그 재봉하고, 시접은 뒤쪽으로 넘긴다

③재봉 끝 위치에 1cm의 가위집을 넣는다

재봉 끝 위치

1

②옆선을 겉끼리 마주대어, 시접 1cm를 주고 재봉 끝 위치까지 재봉한다

아랫단을 잘 맞춘다

앞길(안)

재봉 끝 위치

③

②

4. 옆선을 재봉한다

5. 소매를 만든다

소매(겉)

주름 분량

1

0.5

①소맷부리에 2줄로 주름 재봉한다

③시접 2장을 함께 지그재그 재봉하고, 시접은 뒤쪽으로 넘긴다

소매(안)

1

②소매를 겉끼리 마주 닿게 접어, 시접 1cm를 주고 소매 아래를 재봉한다

6. 소매를 단다

소매산과 어깨를 맞춘다

1

앞길(안)

소매(안)

②시접 2장을 함께 지그재그 재봉하고, 시접은 소매 쪽으로 넘긴다

①길과 소매를 겉끼리 마주대어, 시접 1cm를 주고 진동둘레를 재봉한다

소매 아래와 옆선의 재봉선을 맞춘다

소맷부리 덧단(안)

골선

1

④겉끼리 마주 닿게 접어, 시접 1cm를 주고 재봉한다

소맷부리 덧단(안)

1

⑤시접은 가른다

⑥아랫단을 1cm 접는다

소맷부리 덧단(겉)

소매(겉)

⑦소맷부리 덧단과 소매를 겉끼리 마주댄다. 5-①의 실을 잡아 당겨 소맷부리 덧단의 둘레에 맞춰 주름을 잡은 후, 시접 1cm를 주고 재봉한다

소매(겉)

0.2

1

소맷부리 덧단(겉)

⑧소맷부리 덧단을 안쪽으로 접어 넣는다. 겉에서 보이는 5-①의 실은 잘라 버린다

7. 치마 3장을 재봉해 합친다

8. 아랫단을 재봉한다

9. 허리둘레에 주름용 재봉을 한다

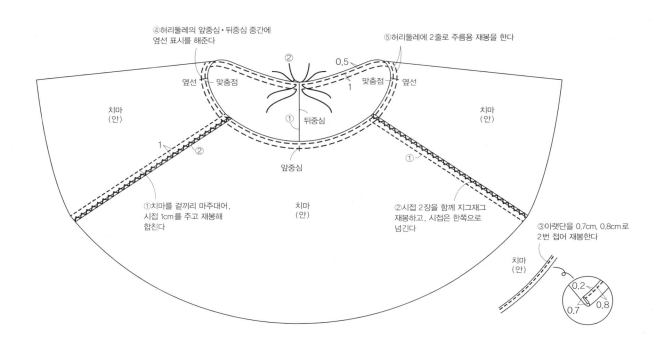

④허리둘레의 앞중심·뒤중심 중간에 옆선 표시를 해준다

⑤허리둘레에 2줄로 주름용 재봉을 한다

0.5

옆선   맞춤점

②

1

맞춤점   옆선

치마 (안)

치마 (안)

1

②

①뒤중심

①치마를 겉끼리 마주대어. 시접 1cm를 주고 재봉해 합친다

앞중심

치마 (안)

②시접 2장을 함께 지그재그 재봉하고, 시접은 한쪽으로 넘긴다

①

③아랫단을 0.7cm, 0.8cm로 2번 접어 재봉한다

치마 (안)

0.2

0.7   0.8

10. 길과 치마를 재봉해 합친다

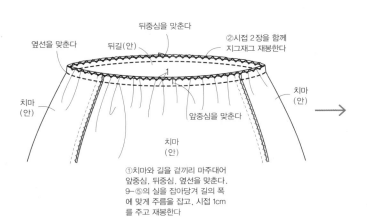

옆선을 맞춘다

뒤중심을 맞춘다

②시접 2장을 함께 지그재그 재봉한다

뒤길(안)

1

치마 (안)

앞중심을 맞춘다

치마 (안)

①치마와 길을 겉끼리 마주대어 앞중심, 뒤중심, 옆선을 맞춘다. 9-⑤의 실을 잡아당겨 길의 폭에 맞게 주름을 잡고, 시접 1cm를 주고 재봉한다

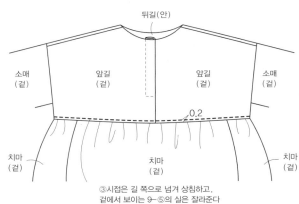

뒤길(안)

소매 (겉)

앞길 (겉)

앞길 (겉)

소매 (겉)

0.2

치마 (겉)

치마 (겉)

치마 (겉)

③시접은 길 쪽으로 넘겨 상침하고, 겉에서 보이는 9-⑤의 실은 잘라준다

11. 목둘레를 마무리한다

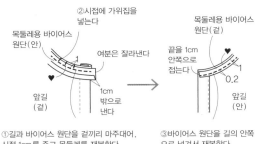

②시접에 가위집을 넣는다

목둘레용 바이어스 원단(안)

여분은 잘라낸다

목둘레용 바이어스 원단(겉)

앞길 (겉)

1

1cm 밖으로 낸다

끝을 1cm 안쪽으로 접는다

1

0.2

앞길 (안)

①길과 바이어스 원단을 겉끼리 마주대어, 시접 1cm를 주고 목둘레를 재봉한다 (P36「목둘레를 바이어스 원단으로 마무리 한다 ②」참조)

③바이어스 원단을 길의 안쪽으로 넘겨서 재봉한다

12. 단추와 스냅단추를 단다

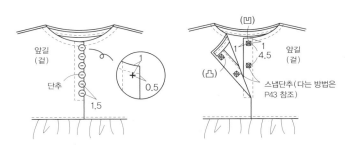

앞길 (겉)

단추

1.5

1

0.5

(凹)

1

1

4.5

(凸)

앞길 (겉)

스냅단추(다는 방법은 P43 참조)

57

P4, 17　어깨 단추가 달린 풀오버(긴소매)
P9　　어깨 단추가 달린 풀오버(반소매)

【 재료 】 ※ 왼쪽부터 90/100/110/120/130/140 사이즈

〈긴소매〉
- 워싱 면 20〜30수 원단 … 110cm 폭 ×
  90/100/100/110/120/150cm
- 직경 0.9cm의 T단추(SUN15−60) … 3세트

〈반소매〉
- 워싱 면마 혼방 원단 … 110cm 폭 ×
  80/90/90/90/100/140cm
- 직경 0.9cm의 T단추(SUN15−69) … 3세트

【 재단 방법 】
※ 위부터 90/100/110/120/130/140 사이즈
※목둘레용 바이어스 원단은 천에 직접 그려서 재단한다

〈긴소매〉

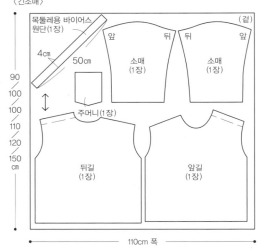

〈반소매〉

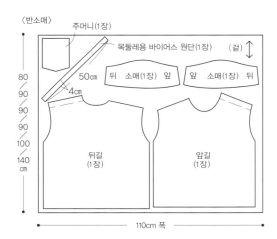

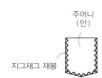

【 실물 크기 패턴 】
D면【15】【16】
앞길, 뒤길, 소매, 주머니

【 완성 사이즈 】 ※ 왼쪽부터 90/100/110/120/130/140 사이즈
가슴둘레 = 82/86/90/94/98/102cm
옷길이 = 34/37/41/45/48/51cm

【 재봉 순서 】
1. 재단 방법의 그림을 참조해 원단을 자르고, 사전 준비를 한다

〈긴소매〉

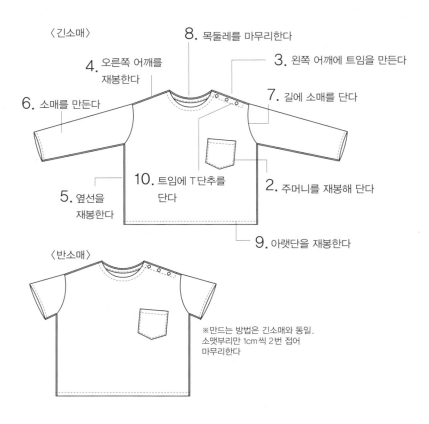

4. 오른쪽 어깨를 재봉한다
8. 목둘레를 마무리한다
3. 왼쪽 어깨에 트임을 만든다
6. 소매를 만든다
7. 길에 소매를 단다
10. 트임에 T단추를 단다
5. 옆선을 재봉한다
2. 주머니를 재봉해 단다
9. 아랫단을 재봉한다

〈반소매〉

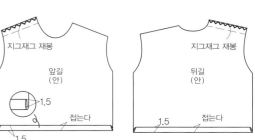

※만드는 방법은 긴소매와 동일.
소맷부리만 1cm씩 2번 접어
마무리한다

【 사전 준비 】 ※단위는 cm
- 앞길, 뒤길 각각의 어깨 트임 부분, 주머니
  (입구 제외)에 지그재그 재봉한다
- 앞길, 뒤길의 아랫단과 소맷부리는 1.5cm씩 2번 접는다
- 목둘레용 바이어스 원단을 접는다

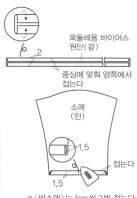

주머니
(안)
지그재그 재봉

지그재그 재봉
앞길
(안)
1.5
접는다
1.5

지그재그 재봉
뒤길
(안)
1.5
접는다
1.5

목둘레용 바이어스
원단(겉)
중심에 맞춰 양쪽에서
접는다

소매
(안)
1.5
접는다
1.5
※〈반소매〉는 1cm씩 2번 접는다

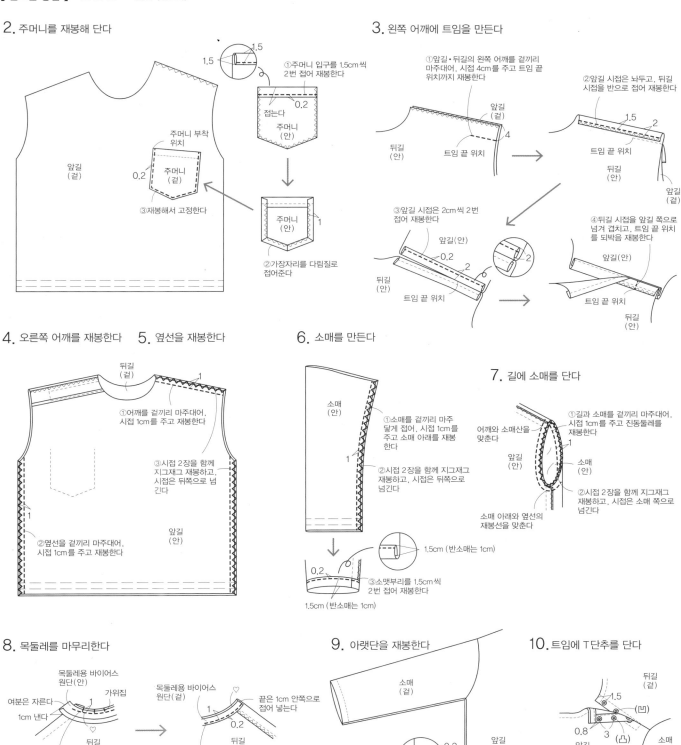

【 만드는 방법 】 ※단위는 cm ※기본은 〈긴소매〉

2. 주머니를 재봉해 단다

1.5
1.5

①주머니 입구를 1.5cm씩 2번 접어 재봉한다

0.2

접는다

주머니 (안)

주머니 부착 위치

0.2

주머니 (겉)

③재봉해서 고정한다

앞길 (겉)

주머니 (안)

1

②가장자리를 다림질로 접어준다

3. 왼쪽 어깨에 트임을 만든다

①앞길·뒤길의 왼쪽 어깨를 겉끼리 마주대어, 시접 4cm를 주고 트임 끝 위치까지 재봉한다

②앞길 시접은 놔두고, 뒤길 시접을 반으로 접어 재봉한다

앞길 (겉)

뒤길 (안)

트임 끝 위치

4

1.5
2

트임 끝 위치

뒤길 (안)

앞길 (겉)

③앞길 시접은 2cm씩 2번 접어 재봉한다

앞길(안)

0.2
2

뒤길 (안)

트임 끝 위치

2

④뒤길 시접을 앞길 쪽으로 넘겨 겹치고, 트임 끝 위치를 되박음 재봉한다

앞길(안)

트임 끝 위치

뒤길 (안)

4. 오른쪽 어깨를 재봉한다　**5. 옆선을 재봉한다**

뒤길 (겉)

1

①어깨를 겉끼리 마주대어, 시접 1cm를 주고 재봉한다

③시접 2장을 함께 지그재그 재봉하고, 시접은 뒤쪽으로 넘긴다

1

②옆선을 겉끼리 마주대어, 시접 1cm를 주고 재봉한다

앞길 (안)

6. 소매를 만든다

소매 (안)

1

①소매를 겉끼리 마주 닿게 접어, 시접 1cm를 주고 소매 아래를 재봉한다

②시접 2장을 함께 지그재그 재봉하고, 시접은 뒤쪽으로 넘긴다

0.2

1.5cm (반소매는 1cm)

1.5cm (반소매는 1cm)

③소맷부리를 1.5cm씩 2번 접어 재봉한다

7. 길에 소매를 단다

어깨와 소매산을 맞춘다

①길과 소매를 겉끼리 마주대어, 시접 1cm를 주고 진동둘레를 재봉한다

앞길 (안)

소매 (안)

1

②시접 2장을 함께 지그재그 재봉하고, 시접은 소매 쪽으로 넘긴다

소매 아래와 옆선의 재봉선을 맞춘다

8. 목둘레를 마무리한다

목둘레용 바이어스 원단(안)

여분은 자른다

가위집

1cm 낸다

1

목둘레용 바이어스 원단(겉)

끝은 1cm 안쪽으로 접어 넣는다

1

0.2

뒤길 (겉)

뒤길 (안)

①길과 바이어스 원단을 겉끼리 마주댄다. 시접 1cm를 주고 목둘레를 재봉하고, 시접에 가위집을 넣는다 (P36 「목둘레를 바이어스 원단으로 마무리한다 ②」 참조)

②바이어스 원단을 길의 안쪽으로 넘겨 재봉한다

9. 아랫단을 재봉한다

소매 (겉)

앞길 (겉)

0.2

1.5

아랫단을 1.5cm씩 2번 접어 재봉한다

10. 트임에 T단추를 단다

뒤길 (겉)

1.5

(凹)

0.8
3 (凸)

앞길 (겉)

소매 (겉)

※모든 사이즈 공통
※T단추 다는 방법은 P37 참조

【 재료 】 ※ 왼쪽부터 90/100/110/120/130/140 사이즈
• 코듀로이 원단 ⋯ 110cm 폭 × 120/130/140/150/170/180cm
• 2.5cm 폭의 조절 고리 ⋯ 2개

【 실물 크기 패턴 】
A면 【1】
바지, 가슴바대, 가슴바대 안단, 주머니, 허리 안단

【 완성 사이즈 】 ※ 왼쪽부터 90/100/110/120/130/140 사이즈
허리둘레 = 73/77/80/83/87/90cm
옷길이 = 60.5/67/73.5/82.5/91.5/100.5cm (앞중심부터 아랫단까지)

【 재단 방법 】
※ 위부터 90/100/110/120/130/140 사이즈
※고리용 끈, 루프(모든 사이즈 공통), 어깨끈은 원단에
  직접 그려 재단한다

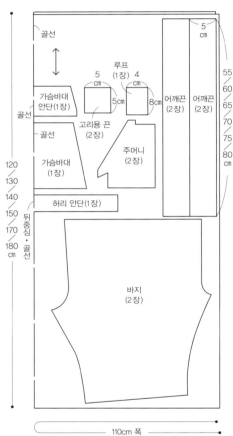

【 재봉 순서 】

1. 재단 방법의 그림을 참고해 원단을 자르고, 사전 준비를 한다

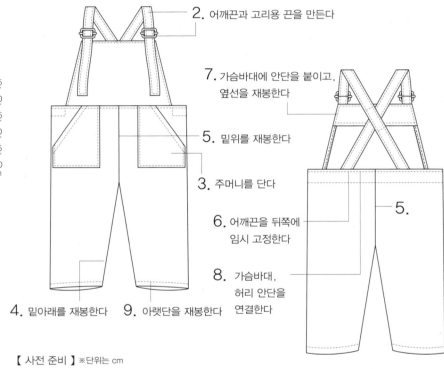

2. 어깨끈과 고리용 끈을 만든다

7. 가슴바대에 안단을 붙이고,
   옆선을 재봉한다

5. 밑위를 재봉한다

3. 주머니를 단다

6. 어깨끈을 뒤쪽에
   임시 고정한다

5.

8. 가슴바대,
   허리 안단을
   연결한다

4. 밑아래를 재봉한다   9. 아랫단을 재봉한다

【 사전 준비 】※단위는 cm
• 주머니는 입구를 제외하고 지그재그 재봉한다
• 바지의 아랫단, 가슴바대 안단, 주머니 입구는 모두 2번 접는다
• 어깨끈, 고리용 끈, 루프는 양쪽을 접고, 허리 안단은 아랫단을 접는다

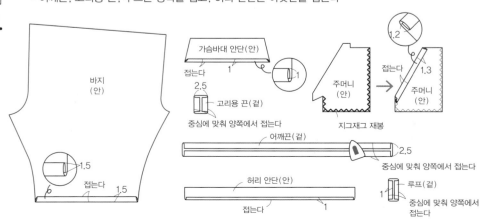

【 만드는 방법 】 ※단위는 cm

2. 어깨끈, 고리용 끈을 만든다

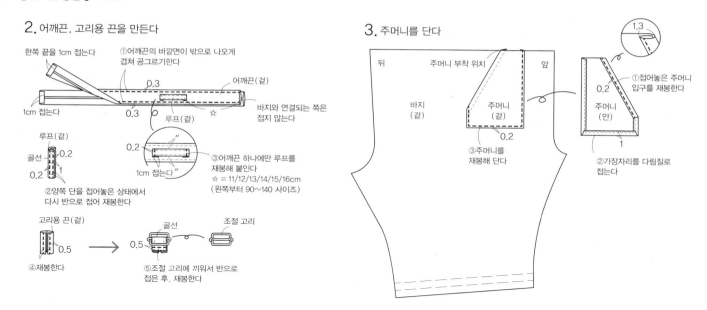

①어깨끈의 바깥면이 밖으로 나오게 겹쳐 공그르기한다

한쪽 끝을 1cm 접는다

어깨끈(겉)

0.3

바지와 연결되는 쪽은 접지 않는다

1cm 접는다

0.3

루프(겉)

루프(겉)

골선 0.2

0.2 1

0.2

1cm 접는다 "

②양쪽 단을 접어놓은 상태에서 다시 반으로 접어 재봉한다

③어깨끈 하나에만 루프를 재봉해 붙인다
☆ = 11/12/13/14/15/16cm
(왼쪽부터 90~140 사이즈)

고리용 끈(겉)

0.5

④재봉한다

골선

0.5

조절 고리

⑤조절 고리에 끼워서 반으로 접은 후, 재봉한다

3. 주머니를 단다

뒤   주머니 부착 위치   앞

바지(겉)

주머니(겉)

0.2

③주머니를 재봉해 단다

1.3

①접어놓은 주머니 입구를 재봉한다

0.2

주머니(안)

1

②가장자리를 다림질로 접는다

4. 밑아래를 재봉한다

바지 앞쪽(안)

①바지 한쪽을 겉끼리 마주대어, 시접 1cm 를 주고 밑아래를 재봉한다

②시접 2장을 함께 지그재그 재봉하고, 시접은 뒤쪽으로 넘긴다

1

5. 밑위를 재봉한다

바지 앞쪽(겉)

⑤시접을 1cm 주고 밑위를 재봉한다

1

③바지 한쪽을 겉으로 뒤집어, 다른 한쪽의 안으로 넣어 겹쳐준다

⑥시접 2장을 함께 지그재그 재봉하고, 시접은 오른쪽으로 넘긴다

④가랑이 부분 시접은 서로 반대 방향이 되도록 펼친다

바지 앞쪽(안)

6. 어깨끈을 뒤에 임시 고정한다

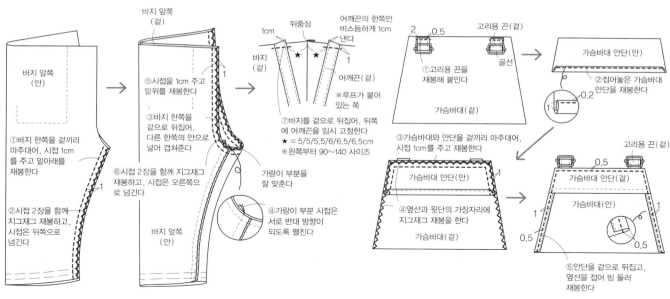

뒤중심   어깨끈의 한쪽만 비스듬하게 1cm 낸다

1cm

바지(겉)

1

어깨끈(겉)

※루프가 붙어 있는 쪽

⑦바지를 겉으로 뒤집어, 뒤쪽에 어깨끈을 임시 고정한다
★ = 5/5/5.5/6/6.5/6.5cm
※왼쪽부터 90~140 사이즈

가랑이 부분을 잘 맞춘다

7. 가슴바대에 안단을 붙이고, 옆선을 재봉한다

2   0.5   고리용 끈(겉)

①고리용 끈을 재봉해 붙인다

골선

가슴바대(겉)

가슴바대 안단(안)

②접어놓은 가슴바대 안단을 재봉한다

1   0.2

③가슴바대와 안단을 겉끼리 마주대어, 시접 1cm를 주고 재봉한다

가슴바대 안단(안)

1

④옆선과 윗단의 가장자리에 지그재그 재봉을 한다

가슴바대(겉)

고리용 끈(겉)

가슴바대 안단(겉)   0.5

가슴바대(안)

1

0.5   0.5

⑤안단을 겉으로 뒤집고, 옆선을 접어 빙 둘러 재봉한다

8. 가슴바대, 허리 안단을 연결한다

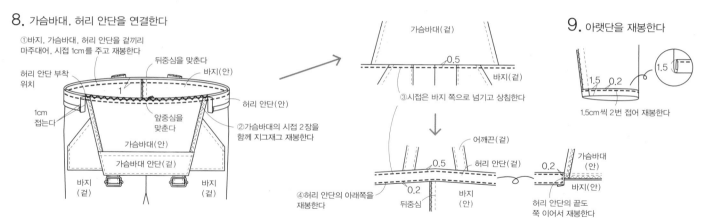

①바지, 가슴바대, 허리 안단을 겉끼리 마주대어, 시접 1cm를 주고 재봉한다

허리 안단 부착 위치

뒤중심을 맞춘다

바지(안)

1cm 접는다

앞중심을 맞춘다

허리 안단(안)

②가슴바대의 시접 2장을 함께 지그재그 재봉한다

가슴바대(안)

가슴바대 안단(겉)

바지(겉)   바지(겉)

가슴바대(겉)

0.5

바지(겉)

③시접은 바지 쪽으로 넘기고 상침한다

어깨끈(겉)

0.5   허리 안단(겉)

④허리 안단의 아래쪽을 재봉한다

0.2   바지(안)

뒤중심

0.2   가슴바대(안)

바지(안)

허리 안단의 끝도 쭉 이어서 재봉한다

9. 아랫단을 재봉한다

1.5   0.2

1.5

1.5cm씩 2번 접어 재봉한다

P4　테이퍼드 바지

【 재료 】 ※ 왼쪽부터 90/100/110/120/130/140 사이즈
- 워싱 면 20~30수 원단 … 110cm 폭 ×
  90/100/120/130/150/170cm
- 1.5cm 폭의 납작한 고무줄 … 20/22/24/26/28/30cm

【 실물 크기 패턴 】
C면【13】
앞바지, 뒤바지, 주머니 속감, 주머니 옆감

【 완성 사이즈 】 ※ 왼쪽부터 90/100/110/120/130/140 사이즈
허리둘레 = 70/75/81/87/93/99cm
바지길이 = 47/52/57/63/69/75cm

【 재단 방법 】
※ 위 또는 왼쪽부터 90/100/110/120/130/140 사이즈
※ 앞벨트, 뒤벨트는 원단에 직접 그려서 재단한다

★ = 26.7/28.5/31/33.2/35.5/37.8cm
☆ = 10.3/11/11.5/12.3/13/13.7cm

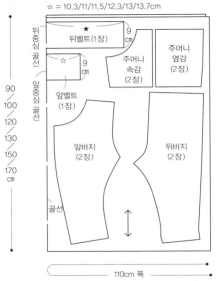

【 재봉 순서 】

1. 재단 방법의 그림을 참고해 원단을 자른다

6. 앞벨트·뒤벨트를 재봉한다

8. 고무줄을 통과시킨다

7. 바지와 벨트를 재봉해 합친다

2. 주머니를 만든다

5. 밑위를 재봉한다

4. 밑아래를 재봉한다

9. 아랫단을 재봉한다

5.

3. 옆선을 재봉한다

【 만드는 방법 】 ※단위는 cm

2. 주머니를 만든다

①앞바지와 주머니 속감을 겉끼리 마주대어, 시접 0.7cm를 주고 주머니 입구를 재봉하고, 가위집을 넣는다

②주머니 속감을 바지 안쪽으로 넘기고, 주머니 입구에 상침한다

③주머니 속감과 주머니 옆감을 겉끼리 마주대어, 시접 1cm를 주고 재봉한다

④시접 2장을 함께 지그재그 재봉한다

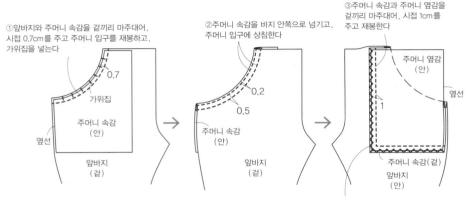

3. 옆선을 재봉한다

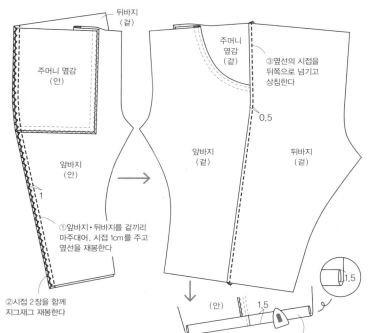

뒤바지(겉)

주머니 옆감(안)

앞바지(안)

①앞바지·뒤바지를 겉끼리 마주대어, 시접 1cm를 주고 옆선을 재봉한다

②시접 2장을 함께 지그재그 재봉한다

주머니 옆감(겉)

③옆선의 시접을 뒤쪽으로 넘기고 상침한다

0.5

앞바지(겉)

뒤바지(겉)

(안)

1.5

④아랫단을 1.5cm씩 2번 접는다

4. 밑아래를 재봉한다

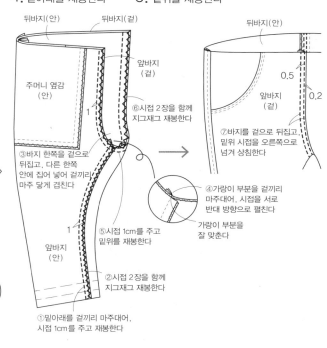

뒤바지(안)   뒤바지(겉)

앞바지(겉)

주머니 옆감(안)

1

⑥시접 2장을 함께 지그재그 재봉한다

③바지 한쪽을 겉으로 뒤집고, 다른 한쪽 안에 집어 넣어 겉끼리 마주 닿게 겹친다

⑤시접 1cm를 주고 밑위를 재봉한다

앞바지(안)

②시접 2장을 함께 지그재그 재봉한다

①밑아래를 겉끼리 마주대어, 시접 1cm를 주고 재봉한다

5. 밑위를 재봉한다

뒤바지(안)

0.5

앞바지(겉)

0.2

⑦바지를 겉으로 뒤집고 밑위 시접을 오른쪽으로 넘겨 상침한다

④가랑이 부분을 겉끼리 마주대어, 시접을 서로 반대 방향으로 펼친다

가랑이 부분을 잘 맞춘다

6. 앞벨트·뒤벨트를 재봉한다

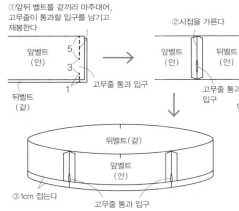

①앞뒤 벨트를 겉끼리 마주대어, 고무줄이 통과할 입구를 남기고 재봉한다

앞벨트(안)

5
3
1

뒤벨트(겉)

고무줄 통과 입구

②시접을 가른다

앞벨트(안)   뒤벨트(안)

고무줄 통과 입구

뒤벨트(겉)

앞벨트(안)

③1cm 접는다

고무줄 통과 입구

7. 바지와 벨트를 재봉해 합친다

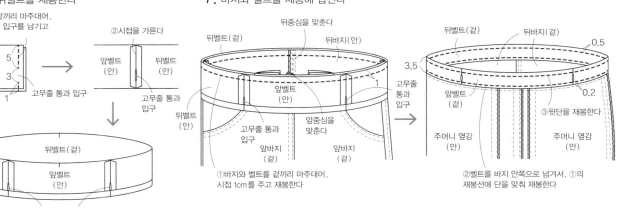

뒤중심을 맞춘다

뒤벨트(겉)   뒤바지(안)

앞벨트(안)

고무줄 통과 입구

앞중심을 맞춘다

고무줄 통과 입구

뒤벨트(겉)

앞바지(겉)   앞바지(겉)

1

①바지와 벨트를 겉끼리 마주대어, 시접 1cm를 주고 재봉한다

뒤벨트(겉)   뒤바지(겉)

0.5

3.5

앞벨트(겉)

0.2

③윗단을 재봉한다

주머니 옆감(안)   주머니 옆감(안)

고무줄 통과 입구

②벨트를 바지 안쪽으로 넘겨서, ①의 재봉선에 단을 맞춰 재봉한다

8. 고무줄을 통과시킨다

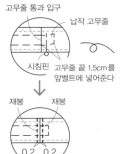

고무줄 통과 입구

납작 고무줄

시침핀   고무줄 끝 1.5cm를 앞벨트에 넣어준다

재봉   재봉

0.2   0.2

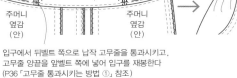

뒤벨트(겉)   앞벨트(겉)

주머니 옆감(안)   주머니 옆감(안)

입구에서 뒤벨트 쪽으로 납작 고무줄을 통과시키고, 고무줄 양끝을 앞벨트 쪽에 넣어 입구를 재봉한다 (P36 「고무줄 통과시키는 방법 ①」 참조)

뒤벨트(겉)   앞벨트(겉)

앞바지(겉)   앞바지(겉)

9. 아랫단을 재봉한다

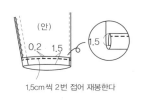

(안)

0.2   1.5

1.5

1.5cm씩 2번 접어 재봉한다

P8, 19, 27　　**턱 주름 바지**

【 재료 】　※ 왼쪽부터 90/100/110/120/130/140 사이즈
- 워싱 린넨 … 110cm 폭 × 100/100/120/130/140/150cm
- 1.5cm 폭의 납작한 고무줄 … 40/42/44/46/48/50cm

【 실물 크기 패턴 】
B면【9】
앞바지, 뒤바지, 주머니 속감, 주머니 옆감

【 완성 사이즈 】　※ 왼쪽부터 90/100/110/120/130/140 사이즈
허리둘레 = 67/69/73/77/81/86cm
바지길이 = 38.5/44.5/50.5/56.5/62.5/70.5cm

【 재단 방법 】
※ 위 또는 왼쪽부터 90/100/110/120/130/140 사이즈
※허리벨트는 원단에 직접 그려서 재단한다

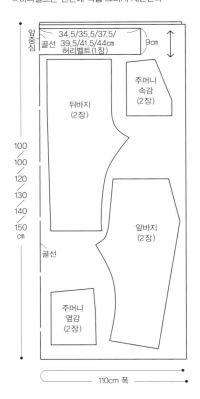

【 재봉 순서 】

1. 재단 방법의 그림을 참고해 재단하고, 사전 준비를 한다

8. 바지와 허리벨트를 재봉해 합친다

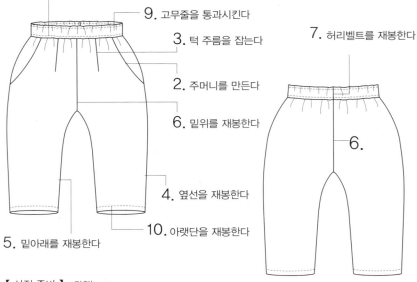

9. 고무줄을 통과시킨다
3. 턱 주름을 잡는다
2. 주머니를 만든다
6. 밑위를 재봉한다
7. 허리벨트를 재봉한다
6.
4. 옆선을 재봉한다
10. 아랫단을 재봉한다
5. 밑아래를 재봉한다

【 사전 준비 】※단위는 cm
- 허리벨트의 한쪽 단을 1cm 접고, 옆선과 뒤중심에 맞춤점을 표시한다

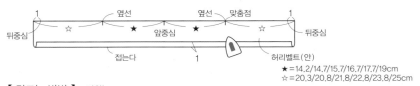

★ =14.2/14.7/15.7/16.7/17.7/19cm
☆ =20.3/20.8/21.8/22.8/23.8/25cm

【 만드는 방법 】※단위는 cm

2. 주머니를 만든다

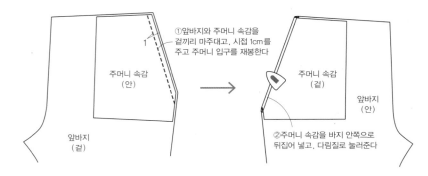

①앞바지와 주머니 속감을 겉끼리 마주대고, 시접 1cm를 주고 주머니 입구를 재봉한다

②주머니 속감을 바지 안쪽으로 뒤집어 넣고, 다림질로 눌러준다

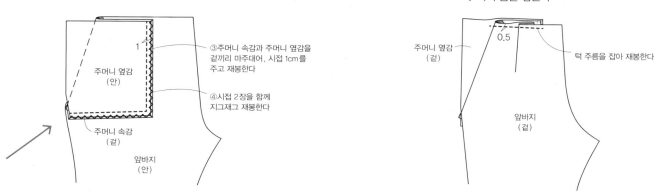

③주머니 속감과 주머니 옆감을 겉끼리 마주대어, 시접 1cm를 주고 재봉한다

④시접 2장을 함께 지그재그 재봉한다

주머니 옆감
(안)

주머니 속감
(겉)

1

앞바지
(안)

3. 턱 주름을 잡는다

주머니 옆감
(겉)

0.5

턱 주름을 잡아 재봉한다

앞바지
(겉)

4. 옆선을 재봉한다
5. 밑아래를 재봉한다
6. 밑위를 재봉한다
7. 허리벨트를 재봉한다

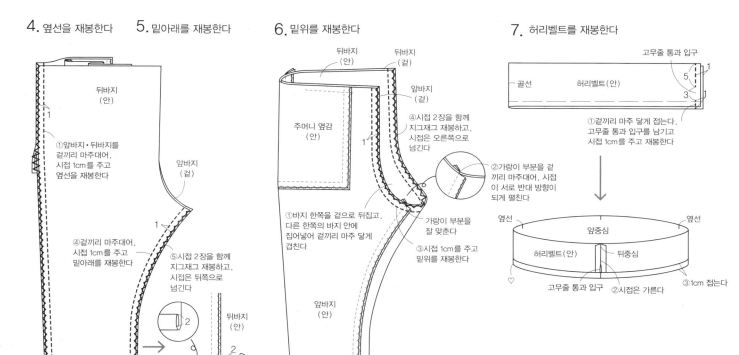

뒤바지
(안)

①앞바지·뒤바지를 겉끼리 마주대어, 시접 1cm를 주고 옆선을 재봉한다

②시접 2장을 함께 지그재그 재봉하고, 시접은 뒤쪽으로 넘긴다

④겉끼리 마주대어, 시접 1cm를 주고 밑아래를 재봉한다

앞바지
(겉)

1

⑤시접 2장을 함께 지그재그 재봉하고, 시접은 뒤쪽으로 넘긴다

뒤바지
(안)

2

2

③아랫단은 2cm씩 2번 접는다

뒤바지
(안)

뒤바지
(겉)

앞바지
(겉)

④시접 2장을 함께 지그재그 재봉하고, 시접은 오른쪽으로 넘긴다

주머니 옆감
(안)

1

①바지 한쪽을 겉으로 뒤집고, 다른 한쪽의 바지 안에 집어넣어 겉끼리 마주 닿게 겹친다

②가랑이 부분을 겉끼리 마주대어, 시접이 서로 반대 방향이 되게 펼친다

가랑이 부분을 잘 맞춘다

③시접 1cm를 주고 밑위를 재봉한다

앞바지
(안)

고무줄 통과 입구

골선   허리벨트(안)

5   1
3

①겉끼리 마주 닿게 접는다. 고무줄 통과 입구를 남기고 시접 1cm를 주고 재봉한다

옆선   옆선

앞중심

허리벨트(안)   뒤중심

♡

고무줄 통과 입구   ②시접은 가른다   ③1cm 접는다

8. 바지와 허리벨트를 재봉해 합친다
9. 고무줄을 통과시킨다
10. 아랫단을 재봉한다

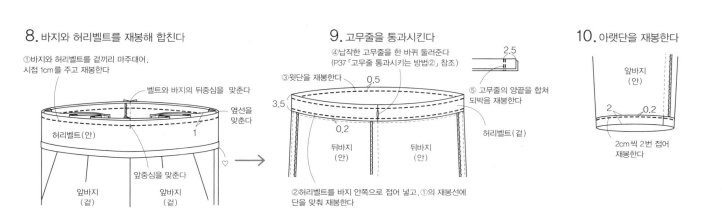

①바지와 허리벨트를 겉끼리 마주대어, 시접 1cm를 주고 재봉한다

벨트와 바지의 뒤중심을 맞춘다

옆선을 맞춘다

허리벨트(안)

1

앞중심을 맞춘다

♡

앞바지
(겉)

앞바지
(겉)

②허리벨트를 바지 안쪽으로 접어 넣고, ①의 재봉선에 단을 맞춰 재봉한다

④납작한 고무줄을 한 바퀴 둘러준다
(P37 「고무줄 통과시키는 방법②」 참조)

2.5

③윗단을 재봉한다   0.5

3.5

0.2

⑤고무줄의 양끝을 합쳐 되박음 재봉한다

뒤바지
(안)

뒤바지
(안)

허리벨트(겉)

앞바지
(안)

2   0.2

2cm씩 2번 접어 재봉한다

P9, 11 둥근 주머니의 반바지

【 재료 】 ※ 왼쪽부터 90/100/110/120/130/140 사이즈

- 워싱 면 20~30수 … 110cm 폭 × 70/70/70/110/110/130cm
- 1.5cm 폭의 납작한 고무줄 … 40/42/44/46/48/50cm

【 완성 사이즈 】 ※ 왼쪽부터 90/100/110/120/130/140 사이즈
허리둘레 = 75/77/81/84/87/90cm
바지길이 = 24.7/26.7/28.2/30.2/33.7/36.7cm

【 재단 방법 】

※ 위부터 90/100/110/120/130/140 사이즈

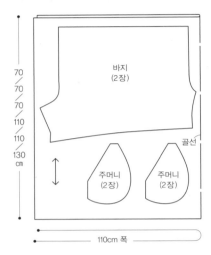

70
/
70
/
70
/
110
/
110
/
130
cm

바지
(2장)

골선

주머니
(2장)

주머니
(2장)

110cm 폭

【 재봉 순서 】

1. 재단 방법의 그림을 참고해 원단을 자르고, 사전 준비를 한다

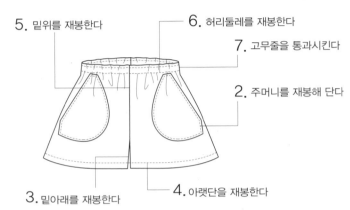

5. 밑위를 재봉한다

6. 허리둘레를 재봉한다

7. 고무줄을 통과시킨다

2. 주머니를 재봉해 단다

3. 밑아래를 재봉한다

4. 아랫단을 재봉한다

5.

【 사전 준비 】 ※단위는 cm

- 아랫단을 1.5cm씩 2번 접는다

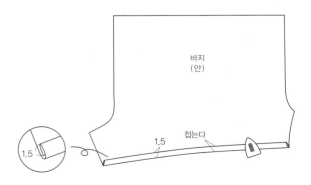

바지
(안)

1.5

접는다

1.5

【 만드는 방법 】 ※단위는 cm

2. 주머니를 재봉해 단다

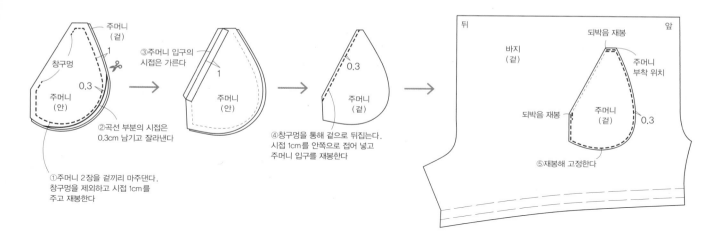

①주머니 2장을 겉끼리 마주댄다.
창구멍을 제외하고 시접 1cm를
주고 재봉한다

②곡선 부분의 시접은
0.3cm 남기고 잘라낸다

③주머니 입구의
시접은 가른다

④창구멍을 통해 겉으로 뒤집는다.
시접 1cm를 안쪽으로 접어 넣고
주머니 입구를 재봉한다

⑤재봉해 고정한다

주머니(겉)
창구멍
주머니(안)
주머니(겉)
뒤
앞
바지(겉)
되박음 재봉
주머니 부착 위치
되박음 재봉
주머니(겉)

3. 밑아래를 재봉한다   ## 4. 아랫단을 재봉한다   ## 5. 밑위를 재봉한다

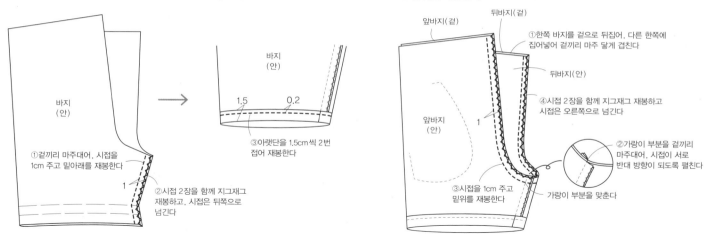

①겉끼리 마주대어, 시접을
1cm 주고 밑아래를 재봉한다

②시접 2장을 함께 지그재그
재봉하고, 시접은 뒤쪽으로
넘긴다

③아랫단을 1.5cm씩 2번
접어 재봉한다

바지(안)

①한쪽 바지를 겉으로 뒤집어, 다른 한쪽에
집어넣어 겉끼리 마주 닿게 겹친다

④시접 2장을 함께 지그재그 재봉하고
시접은 오른쪽으로 넘긴다

②가랑이 부분을 겉끼리
마주대어, 시접이 서로
반대 방향이 되도록 펼친다

③시접을 1cm 주고
밑위를 재봉한다

가랑이 부분을 맞춘다

앞바지(겉)
뒤바지(겉)
뒤바지(안)
앞바지(안)

6. 허리를 재봉한다   ## 7. 고무줄을 통과시킨다

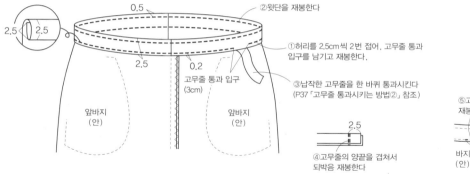

②윗단을 재봉한다

①허리를 2.5cm씩 2번 접어, 고무줄 통과
입구를 남기고 재봉한다.

③납작한 고무줄을 한 바퀴 통과시킨다
(P37 「고무줄 통과시키는 방법②」 참조)

고무줄 통과 입구
(3cm)

앞바지(안)   앞바지(안)

④고무줄의 양끝을 겹쳐서
되박음 재봉한다

⑤고무줄 통과 입구를
재봉해 막는다

바지(안)   고무줄 통과 입구

P22 깃이 달린 점프슈트

P23 반소매의 점프슈트

【 재료 】 ※ 왼쪽부터 90/100/110/120/130/140 사이즈

〈깃이 달린 점프슈트〉
• 워싱 린넨 … 110cm 폭 × 140/150/160/180/210/230cm
• 직경 0.8cm의 스냅단추(SUN10–02) … 5세트

〈반소매의 점프슈트〉
• 워싱 린넨 … 110cm 폭 × 140/140/160/160/210/230cm
• 직경 0.9cm의 T단추(SUN15–69) … 5세트

【 재단 방법 】
※ 위 또는 왼쪽부터 90/100/110/120/130/140 사이즈

〈깃이 달린 점프슈트〉

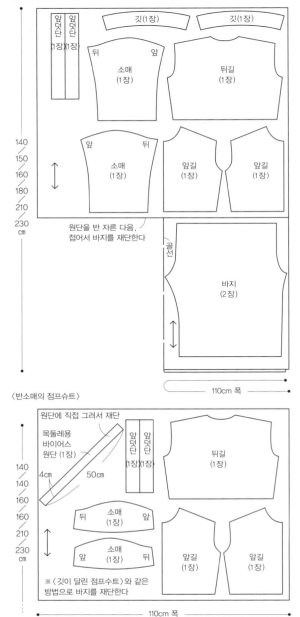

〈반소매의 점프슈트〉

【 실물 크기 패턴 】
D면【17】【18】
앞길, 뒤길, 바지, 소매, 깃(B면【17】), 앞덧단
※깃은 〈깃이 달린 점프슈트〉에만 사용

【 완성 사이즈 】 ※ 왼쪽부터 90/100/110/120/130/140 사이즈
가슴둘레 = 80/84/88/92/96/100cm
옷길이 = 70/77/84/92/102/112cm (깃은 제외)

【 재봉 순서 】

1. 재단 방법의 그림을 참조해 원단을 자르고, 사전 준비를 한다

〈깃이 달린 점프슈트〉

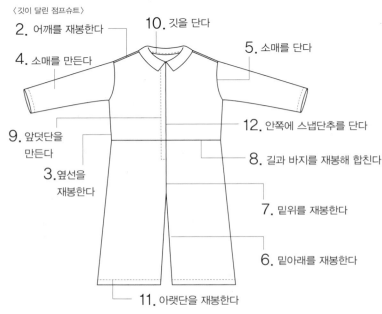

〈반소매의 점프슈트〉

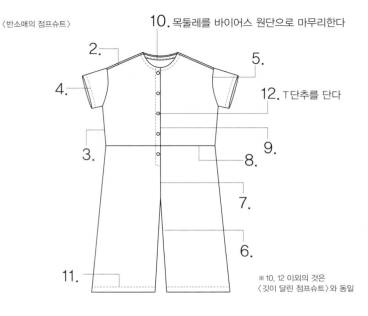

※10, 12 이외의 것은
〈깃이 달린 점프슈트〉와 동일

68

【 사전 준비 】 ※단위는 cm
※바지 아랫단과 소맷부리는 1.5cm씩 2번 접는다
※앞덧단을 접는다
※목둘레용 바이어스 원단을 접는다 (반소매의 점프슈트)

【 만드는 방법 】 ※단위는 cm ※기본은 〈깃이 달린 점프슈트〉

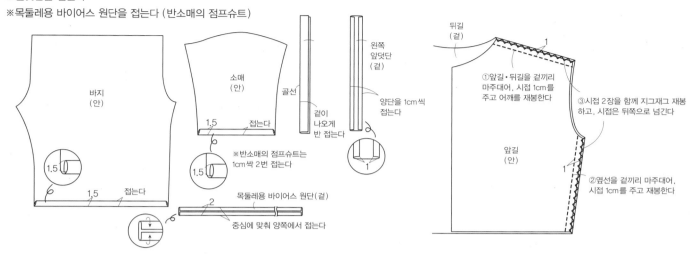

2. 어깨를 재봉한다 3. 옆선을 재봉한다

뒤길 (겉)
①앞길·뒤길을 겉끼리 마주대어, 시접 1cm를 주고 어깨를 재봉한다
③시접 2장을 함께 지그재그 재봉하고, 시접은 뒤쪽으로 넘긴다
앞길 (안)
②옆선을 겉끼리 마주대어, 시접 1cm를 주고 재봉한다

바지 (안)
소매 (안)
골선
겉이 나오게 반 접는다
왼쪽 앞덧단 (겉)
양단을 1cm씩 접는다
1.5 접는다
※반소매의 점프슈트는 1cm씩 2번 접는다
1.5 접는다
목둘레용 바이어스 원단(겉)
중심에 맞춰 양쪽에서 접는다

4. 소매를 만든다

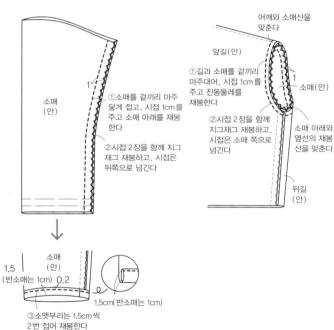

소매 (안)
①소매를 겉끼리 마주 닿게 접고, 시접 1cm를 주고 소매 아래를 재봉한다
②시접 2장을 함께 지그재그 재봉하고, 시접은 뒤쪽으로 넘긴다

소매 (안)
1.5 (반소매는 1cm) 0.2
1.5cm(반소매는 1cm)
③소맷부리는 1.5cm씩 2번 접어 재봉한다

5. 소매를 단다

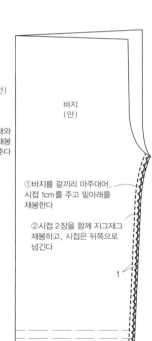

어깨와 소매산을 맞춘다
앞길(안)
①길과 소매를 겉끼리 마주대어, 시접 1cm를 주고 진동둘레를 재봉한다
②시접 2장을 함께 지그재그 재봉하고, 시접은 소매 쪽으로 넘긴다
소매(안)
소매 아래와 옆선의 재봉선을 맞춘다
뒤길 (안)

6. 밑아래를 재봉한다

바지 (안)
①바지를 겉끼리 마주대어, 시접 1cm를 주고 밑아래를 재봉한다
②시접 2장을 함께 지그재그 재봉하고, 시접은 뒤쪽으로 넘긴다

7. 밑위를 재봉한다

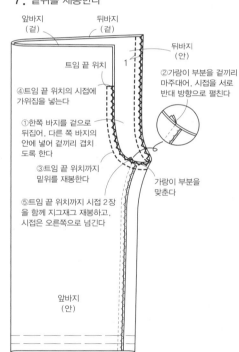

앞바지 (겉)
뒤바지 (겉)
뒤바지 (안)
트임 끝 위치
②가랑이 부분을 겉끼리 마주대어, 시접을 서로 반대 방향으로 펼친다
④트임 끝 위치의 시접에 가위집을 넣는다
①한쪽 바지를 겉으로 뒤집어, 다른 쪽 바지의 안에 넣어 겉끼리 겹치도록 한다
③트임 끝 위치까지 밑위를 재봉한다
⑤트임 끝 위치까지 시접 2장을 함께 지그재그 재봉하고, 시접은 오른쪽으로 넘긴다
가랑이 부분을 맞춘다
앞바지 (안)

8. 길과 바지를 재봉해 합친다

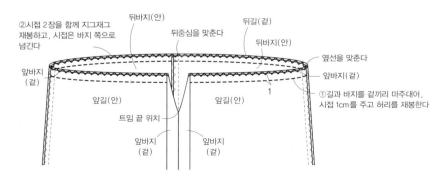

②시접 2장을 함께 지그재그 재봉하고, 시접은 바지 쪽으로 넘긴다
뒤바지(안)
뒤중심을 맞춘다
뒤길(겉)
뒤바지(안)
옆선을 맞춘다
앞바지 (겉)
앞길(안)
앞길(안)
앞바지(겉)
①길과 바지를 겉끼리 마주대어, 시접 1cm를 주고 허리를 재봉한다
트임 끝 위치
앞바지 (겉)
앞바지 (겉)

9. 앞덧단을 만든다

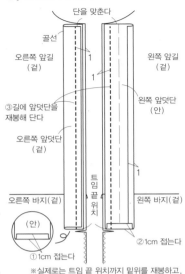

단을 맞춘다
골선
오른쪽 앞길 (겉)
왼쪽 앞길 (겉)
③길에 앞덧단을 재봉해 단다
왼쪽 앞덧단 (안)
오른쪽 앞덧단 (겉)
트임 끝 위치
오른쪽 바지(겉)
왼쪽 바지(겉)
(안)
②1cm 접는다
①1cm 접는다

※실제로는 트임 끝 위치까지 밑위를 재봉하고, 시접 2장을 함께 지그재그 재봉한 상태. 이해를 위해 좌우 바지가 분리된 그림으로 표현했다

11. 아랫단을 재봉한다

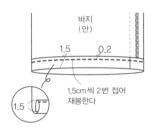

바지 (안)
1.5   0.2
1.5
1.5cm씩 2번 접어 재봉한다

10. 깃을 단다   ※깃을 만드는 방법은 P46-8 ①③④ 참조 (접착심지는 필요 없다)

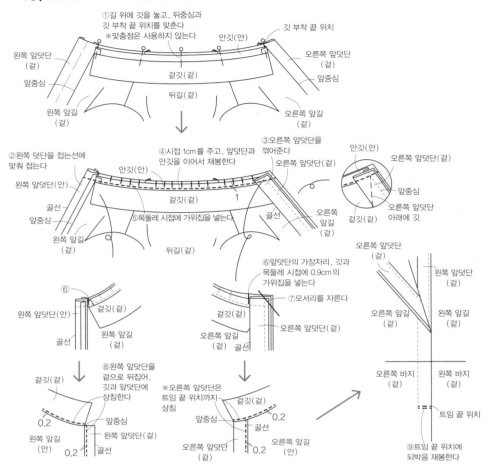

①길 위에 깃을 놓고, 뒤중심과 깃 부착 끝 위치를 맞춘다
※맞춤점은 사용하지 않는다
안깃(안)
깃 부착 끝 위치
왼쪽 앞덧단 (겉)
오른쪽 앞덧단 (겉)
앞중심
겉깃(겉)
앞중심
뒤길(겉)
왼쪽 앞길 (겉)
오른쪽 앞길 (겉)

②왼쪽 덧단을 접는선에 맞춰 접는다
④시접 1cm를 주고, 앞덧단과 안깃을 이어서 재봉한다
③오른쪽 앞덧단을 꺾어준다
안깃(안)
왼쪽 앞덧단 (안)
오른쪽 앞덧단 (겉)
안깃(안)
오른쪽 앞덧단(겉)
앞중심
골선
겉깃(겉)
앞중심
겉깃(겉)
오른쪽 앞덧단 아래에 깃
앞중심
⑤목둘레 시접에 가위집을 넣는다
왼쪽 앞길 (겉)
뒤길(겉)
오른쪽 앞길 (겉)

⑥앞덧단의 가장자리, 깃과 목둘레 시접에 0.9cm의 가위집을 넣는다
오른쪽 앞덧단 (겉)
왼쪽 앞덧단 (겉)
⑥
왼쪽 앞덧단(안)
겉깃(겉)
⑦모서리를 자른다
겉깃(겉)
오른쪽 앞길 (겉)
오른쪽 앞덧단 (겉)
오른쪽 앞길 (겉)
왼쪽 앞길 (겉)
골선
왼쪽 앞길 (겉)
골선
오른쪽 바지 (겉)
왼쪽 바지 (겉)

⑧왼쪽 앞덧단을 겉으로 뒤집어, 깃과 앞덧단에 상침한다
겉깃(겉)
0.2
앞중심
0.2
골선
왼쪽 앞길 (안)
왼쪽 앞길 (겉)

※오른쪽 앞덧단은 트임 끝 위치까지 상침한다
겉깃(겉)
앞중심
0.2
골선
오른쪽 앞덧단 (겉)
오른쪽 앞덧단 (겉)
0.2
오른쪽 앞길 (안)
트임 끝 위치
⑨트임 끝 위치에 되박음 재봉한다

12. 안쪽에 스냅단추를 단다

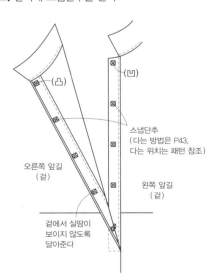

(凸)
(凹)
오른쪽 앞길 (겉)
스냅단추 (다는 방법은 P43, 다는 위치는 패턴 참조)
오른쪽 앞길 (겉)
왼쪽 앞길 (겉)
겉에서 실땀이 보이지 않도록 달아준다

〈반소매의 점프수트〉

10. 목둘레용 바이어스 원단으로 마무리한다

※좌우 앞덧단은 완성선을 접어서 재봉해둔다
①길과 바이어스 원단을 걸끼리 마주대어, 시접 1cm를 주고 목둘레를 재봉하고 가위집을 넣는다
(P36 「깃을 바이어스 원단으로 마무리한다 ②」 참조)

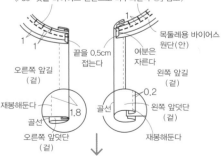

목둘레용 바이어스 원단(안)
끝을 0.5cm 접는다
여분은 자른다
왼쪽 앞길 (겉)
오른쪽 앞길 (겉)
재봉해둔다
1.8
골선
오른쪽 앞덧단 (겉)
0.2
왼쪽 앞덧단 (겉)
재봉해둔다

②바이어스 원단을 길의 안쪽으로 넘겨서 재봉한다

왼쪽 앞길 (안)
골선
목둘레용 바이어스 원단(겉)
0.2
오른쪽 앞길 (안)
골선

12. T단추를 단다

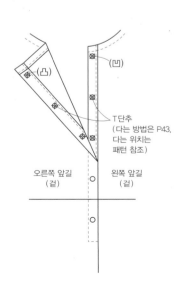

(凸)
(凹)
T단추
T단추 (다는 방법은 P43, 다는 위치는 패턴 참조)
오른쪽 앞길 (겉)
왼쪽 앞길 (겉)

P28　분리형 깃 / 각진 깃, 둥근 깃

P11　왕관

〈왕관〉
• 워싱 린넨 또는 스팽글 원단 … 80 × 15cm
• 면 퀼팅 원단 … 40 × 15cm • 0.3cm 폭의 리본테이프 … 45cm × 2줄

【 재료 】〈분리형 깃 / 각진 깃 또는 둥근 깃 1매 분량〉
• 워싱 린넨 … 70 × 20cm
• 접착심지 … 35 × 20cm
• 1.5cm 폭의 레이스 리본테이프 … 70cm (각진 깃에만)
• 직경 0.6cm의 스냅단추(SUN12-85) … 1세트

【 실물 크기 패턴 】
D면【21】〈왕관〉,【22】〈분리형 깃 / 둥근 깃〉,【23】〈분리형 깃 / 각진 깃〉
본체〈왕관〉, 깃〈분리형 깃〉

【 완성 사이즈 】 ※ 왼쪽부터 90/100/110/120/130/140 사이즈
〈왕관〉 높이 약 9cm × 둘레 30.5cm
〈분리형 깃 / 둥근 깃〉〈분리형 깃 / 각진 깃〉【만드는 방법】5-④ 참조

【 재단 방법 】〈분리형 깃〉
※분리형 깃 / 둥근 깃, 각진 깃 공통

20cm
골선
깃(2장)

원단
(안)
70cm

겉깃

※ ▭ 는 접착심지 부착.
1장에만 접착심지를
붙여서 재단한다

【 재봉 순서 】
1. 재단 방법의 그림을 참조해
원단을 자른다

2. 겉깃에 레이스 리본테이프를
재봉해 달아준다 (각진 깃에만)

〈각진 깃〉

4. 창구멍을
재봉한다

3. 겉깃·안깃을
재봉한다

5. 스냅단추를
단다

〈둥근 깃〉

3.　5.　4.

【 만드는 방법 】※단위는 cm　※기본은 각진 깃
〈각진 깃〉

2. 겉깃에 레이스 리본테이프를
재봉해 달아준다

0.3
가장자리에 레이스
리본테이프를 재봉해
고정한다
겉깃(겉)
레이스
테이프(안)
단을 잘
맞춘다

3. 겉깃·안깃을 재봉한다　4. 창구멍을 재봉한다

5. 스냅단추를 달아준다

①깃을 겉끼리 마주
대어, 시접 0.5cm를
주고 창구멍을 제외
하고 재봉한다
0.5
창구멍
겉깃(겉)
안깃(안)
②모서리는
자른다
③창구멍의 시접은
0.5cm 안쪽으로 접는다

약 28cm
겉쪽에(凹)
안쪽에(凸)
⑤깃 끝에 스냅단추를
달아준다
약 15cm
0.2
겉깃(겉)
④창구멍을 통해 겉으로 뒤집어 다림질로
모양을 정돈하고, 창구멍을 재봉한다

〈둥근 깃〉
①깃을 겉끼리 마주대어, 시접 0.5cm
를 주고 창구멍을 제외하고 재봉한다
②모서리는
자른다
③곡선 부분에
가위집을 넣는다
가위집
0.5
창구멍
접착심지
겉깃(안)
안깃(겉)
④창구멍의 시접은
0.5cm 안쪽으로
접는다

약 15cm
겉쪽에(凹)
안쪽에(凸)
⑥깃 끝에 스냅단추를
달아준다
0.2
겉깃(겉)
약 24.5cm
⑤창구멍을 통해 겉으로
뒤집어 다림질로 모양을
정돈하고, 창구멍을
재봉한다

【 재단 방법 】〈왕관〉

15
cm
골선
본체(2장)

80cm

【 재봉 순서 】
1. 재단 방법의 그림을 참고해
원단을 자른다

2. 본체 2장을 재봉해 합친다

3. 가장자리를
마무리한다

【 만드는 방법 】※단위는 cm
〈왕관〉

2. 본체 2장을 재봉해 합친다

면 퀼팅 원단
본체(안)
0.5
본체
(겉)
0.5
한쪽은 겉으로 뒤집기
편하도록, 단의 끝까지
재봉하지 않는다
1
리본테이프 부착 위치

①본체 2장을 겉끼리 마주대어, 사이에 리본테이프
2개를 끼우고, 퀼팅 원단 위에 올려서 재봉한다

면 퀼팅 원단
본체〈겉〉
가위집
본체(안)

②퀼팅 원단을 본체에 맞춰 자르고 가위집을 넣은 후,
겉으로 뒤집어 다림질로 모양을 정돈한다

3. 가장자리를 마무리한다

송곳으로 모양
을 잡아준다
본체
(겉)
본체
(겉)
본체
(겉)
리본테이프
①한쪽 시접을 1.5cm
안쪽으로 접어 넣는다

②다른 한쪽 시접을 ① 안으로 1.5cm 집어 넣고
한 바퀴 빙 둘러 감침질 한다 (P43 참조)

P10, 20　주름 치마

【 재료 】 ※ 왼쪽부터 90/100/110/120/130/140 사이즈
• 워싱 린넨 … 110cm 폭 × 110/120/130/150/160/180cm
• 2cm 폭의 납작한 고무줄 … 40/42/44/46/48/50cm

【 완성 사이즈 】 ※ 왼쪽부터 90/100/110/120/130/140 사이즈
허리둘레 = 58/68/78/88/98/108cm
치마길이 = 32.5/36.5/40.5/46.5/50.5/54.5cm

【 재단 방법 】
※ 위 또는 왼쪽부터 90/100/110/120/130/140 사이즈
※ 원단에 직접 그려 재단한다

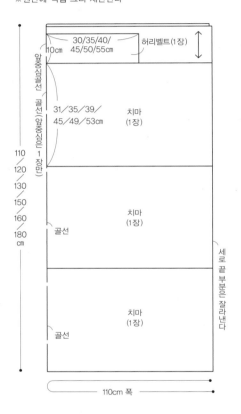

【 재봉 순서 】
1. 재단 방법 그림을 참조해 원단을 자르고, 사전 준비를 한다

6. 허리벨트를 단다
7. 고무줄을 통과시킨다
2. 치마 3장을 재봉해 합친다
3. 아랫단을 재봉한다
4. 허리에 주름용 재봉을 한다
5. 허리벨트를 재봉한다
2.

【 사전 준비 】 ※단위는 cm
• 허리벨트의 한쪽 단을 1cm 접는다
• 치마의 아랫단을 0.7cm, 0.8cm로 2번 접는다

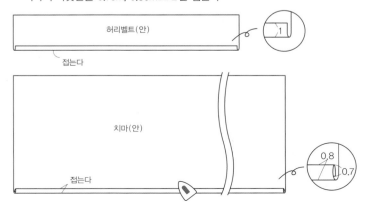

【 만드는 방법 】 ※단위는 cm

2. 치마 3장을 재봉해 합친다

3. 아랫단을 재봉한다

4. 허리에 주름용 재봉을 한다

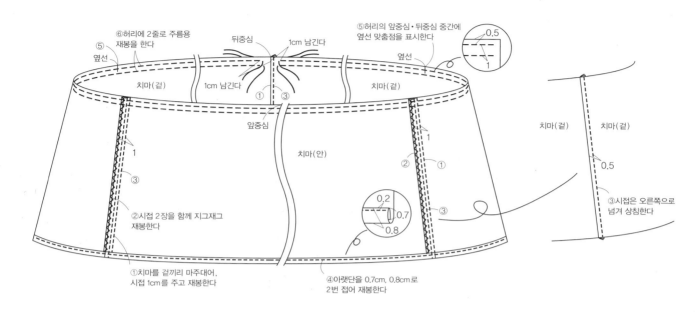

⑥허리에 2줄로 주름용
⑤ 재봉을 한다
옆선

뒤중심 1cm 남긴다

⑤허리의 앞중심·뒤중심 중간에
옆선 맞춤점을 표시한다

옆선

0.5

1

치마(겉)

1cm 남긴다

① ③

치마(겉)

치마(겉)

치마(겉)

앞중심

치마(안)

0.5

1

1

②

①

③

0.2

0.7

0.8

③

③시접은 오른쪽으로
넘겨 상침한다

②시접 2장을 함께 지그재그
재봉한다

①치마를 겉끼리 마주대어
시접 1cm를 주고 재봉한다

④아랫단을 0.7cm, 0.8cm로
2번 접어 재봉한다

5. 허리벨트를 재봉한다

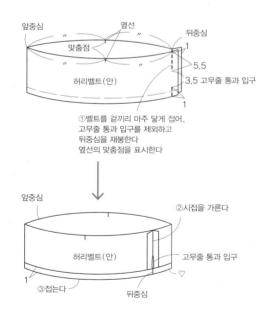

앞중심 옆선 뒤중심

맞춤점

1

허리벨트(안)

5.5

3.5 고무줄 통과 입구

1

①벨트를 겉끼리 마주 닿게 접어,
고무줄 통과 입구를 제외하고
뒤중심을 재봉한다
옆선의 맞춤점을 표시한다

앞중심

②시접을 가른다

허리벨트(안)

1

고무줄 통과 입구

③접는다

뒤중심

6. 허리벨트를 단다

①치마와 허리벨트를 겉끼리 마주댄다.
4~⑥의 재봉실을 당겨 벨트 길이에
맞춰 주름을 잡고, 시접 1cm를 주고
재봉한다

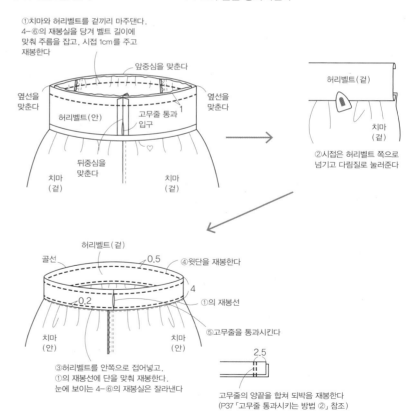

앞중심을 맞춘다

옆선을
맞춘다

허리벨트(안)

1

고무줄 통과
입구

옆선을
맞춘다

뒤중심을
맞춘다

치마
(겉)

치마
(겉)

7. 고무줄을 통과시킨다

허리벨트(겉)

치마
(겉)

②시접은 허리벨트 쪽으로
넘기고 다림질로 눌러준다

허리벨트(겉)

골선

0.5

④윗단을 재봉한다

0.2

4

①의 재봉선

치마
(안)

치마
(안)

⑤고무줄을 통과시킨다

③허리벨트를 안쪽으로 접어넣고,
①의 재봉선에 단을 맞춰 재봉한다
눈에 보이는 4~⑥의 재봉실은 잘라낸다

2.5

고무줄의 양끝을 합쳐 되박음 재봉한다
(P37 「고무줄 통과시키는 방법 ②」 참조)

P32 깃 없는 코트
P24 테일러드 깃의 코트

【 재료 】 ※ 왼쪽부터 90/100/110/120/130/140 사이즈
〈깃 없는 코트〉
• 겉감: 모직 … 140cm 폭 × 170/220/230/250/270/290cm
• 안감: 면 새틴 40~60수 … 110cm 폭 ×
  150/180/200/210/230/250cm
• 직경 1.5cm의 단추 … 4개

〈테일러드 깃의 코트〉
• 겉감: 워싱 린넨 … 110cm 폭 × 160/210/220/240/260/280cm
• 안감: 면 새틴 40~60수 … 110cm 폭 ×
  1140/170/190/200/220/240cm
• 직경 1.2cm의 단추 … 5개

【 실물 크기 패턴 】
A면【3】【4】
앞길, 뒤길, 소매, 깃, 앞안단, 뒤안단, 주머니
※깃은 테일러드 깃의 코트에만 필요

【 완성 사이즈 】 ※ 왼쪽부터 90/100/110/120/130/140 사이즈
※기본은 깃 없는 코트, [ ] 안은 테일러드 깃의 코트
가슴둘레 = 79/85/91/98/105/112cm [75/81/87/94/101/108cm]
옷길이 = 49/56/63/70/76/82cm
  [45/50/55/61/66/72cm (깃은 제외)]

【 재단 방법 】
※ 위부터 90/100/110/120/130/140 사이즈

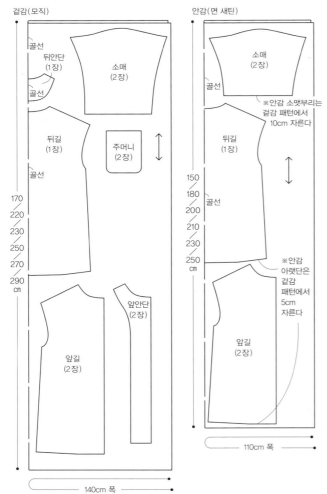

【 재봉 순서 】 〈깃 없는 코트〉

1. 재단 방법 그림을 참조해 원단을 자르고, 사전 준비를 한다

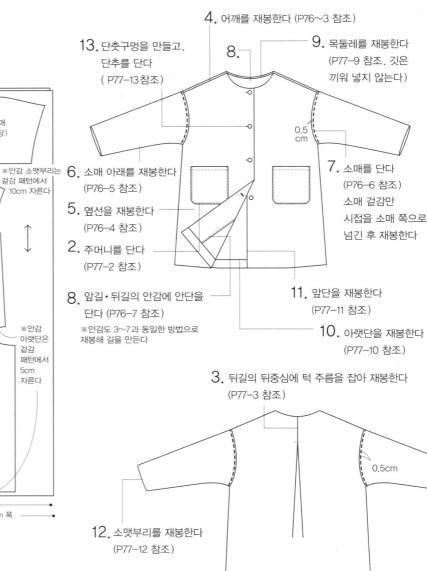

4. 어깨를 재봉한다 (P76~3 참조)

13. 단춧구멍을 만들고,
   단추를 단다
   (P77-13 참조)

9. 목둘레를 재봉한다
   (P77-9 참조. 깃은
   끼워 넣지 않는다)

6. 소매 아래를 재봉한다
   (P76-5 참조)

5. 옆선을 재봉한다
   (P76-4 참조)

2. 주머니를 단다
   (P77-2 참조)

7. 소매를 단다
   (P76-6 참조)
   소매 겉감만
   시접을 소매 쪽으로
   넘긴 후 재봉한다

0.5cm

8. 앞길·뒤길의 안감에 안단을
   단다 (P76-7 참조)
   ※안감도 3~7과 동일한 방법으로
   재봉해 길을 만든다

11. 앞단을 재봉한다
   (P77-11 참조)

10. 아랫단을 재봉한다
   (P77-10 참조)

3. 뒤길의 뒤중심에 턱 주름을 잡아 재봉한다
   (P77-3 참조)

0.5cm

12. 소맷부리를 재봉한다
   (P77-12 참조)

【 재단 방법 】 〈테일러드 깃의 코트〉
※ 위부터 90/100/110/120/130/140 사이즈

겉감(린넨)

골선
소매
(2장)

뒤안단
(1장)
골선
깃(2장)
골선
골선

주머니
(2장)

앞길
(2장)

160
210
220
240
260
280
cm

골선

뒤길
(1장)

앞
안단
(2장)

← 110cm 폭 →

안감(면 새틴)

골선
소매
(2장)

※안감 소맷부리는
겉감 패턴에서
10cm 자른다

140
170
190
200
220
240
cm

앞길
(2장)

골선

뒤길
(1장)

※안감 아랫단은
겉감 패턴에서
5cm 자른다

← 110cm 폭 →

【 재봉 순서 】 〈테일러드 깃의 코트〉

1. 재단 방법의 그림을 참조해 원단을 자르고, 사전 준비를 한다

3. 어깨를 재봉한다

13. 단춧구멍을 만들고,
단추를 단다

9. 깃을 끼워서
목둘레를 재봉한다

7.

8. 깃을 만든다

5. 소매 아래를 재봉한다

6. 소매를 단다

4. 옆선을 재봉한다

10. 아랫단을 재봉한다

2. 주머니를 단다

11. 앞단을 재봉한다

7. 앞길과 뒤길에 각각
안단을 달아준다

※안감 역시 3~6과 동일한
방법으로 길을 만든다

12. 소맷부리를 재봉한다

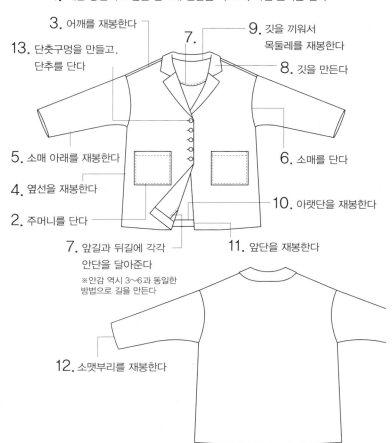

【 사전 준비 】 ※단위는 cm
· 앞안단·뒤안단의 단을 접어준다 (안감과 연결될 부분의 시접)
· 주머니는 입구를 제외하고 지그재그 재봉한다

뒤안단
(안)
0.7

0.7

앞안단
(안)

주머니
(안)
지그재그
재봉

· 〈깃 없는 코트〉의 주머니는
곡선 부분의 모양을 잡아준다

주머니
(안)

두꺼운
종이

1

원단 위에 주머니의 완성 크기로
자른 두꺼운 종이를 놓고,
다림질로 곡선 부분을 접어준다
(P37 「둥근 주머니 만드는 방법」
참조)

【 만드는 방법 】 〈테일러드 깃의 코트〉 ※단위는 cm

2. 주머니를 단다

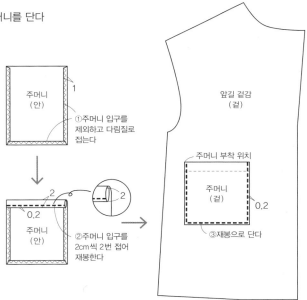

주머니
(안)

1

①주머니 입구를
제외하고 다림질로
접는다

2

0.2

2

주머니
(안)

②주머니 입구를
2cm씩 2번 접어
재봉한다

앞길 겉감
(겉)

주머니 부착 위치

주머니
(겉)

0.2

③재봉으로 단다

3. 어깨를 재봉한다

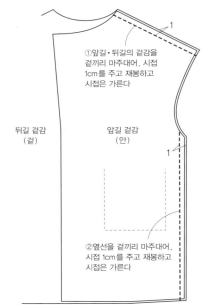

①앞길·뒤길의 겉감을 겉끼리 마주대어, 시접 1cm를 주고 재봉하고 시접은 가른다

뒤길 겉감 (겉)

앞길 겉감 (안)

1

1

4. 옆선을 재봉한다

②옆선을 겉끼리 마주대어, 시접 1cm를 주고 재봉하고 시접은 가른다

5. 소매 아래를 재봉한다

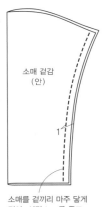

소매 겉감 (안)

1

소매를 겉끼리 마주 닿게 접어, 시접 1cm를 주고 소매 아래를 재봉하고 시접은 가른다

6. 소매를 단다

②시접에 가위집을 넣는다
※〈깃 없는 코트〉는 소매 겉감만 시접을 소매 쪽으로 넘긴 후, 시접 0.5cm를 주고 재봉한다 (P74 [재봉 순서] 7번 참조)

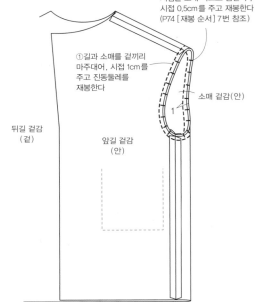

①길과 소매를 겉끼리 마주대어, 시접 1cm를 주고 진동둘레를 재봉한다

뒤길 겉감 (겉)

앞길 겉감 (안)

1

소매 겉감 (안)

7. 앞길과 뒤길의 안감에 각각 안단을 달아준다

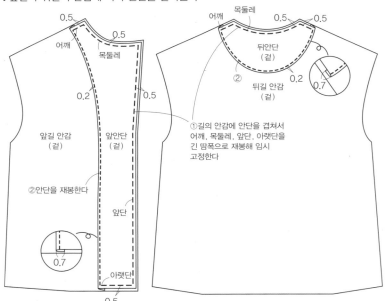

0.5
어깨
목둘레
0.5
0.2
0.5
앞길 안감 (겉)
앞안단 (겉)
②안단을 재봉한다
0.7
앞단
아랫단
0.5

어깨
목둘레
0.5
0.5
뒤안단 (겉)
②
뒤길 안감 (겉)
0.2
0.7

①길의 안감에 안단을 겹쳐서 어깨, 목둘레, 앞단, 아랫단을 긴 땀폭으로 재봉해 임시 고정한다

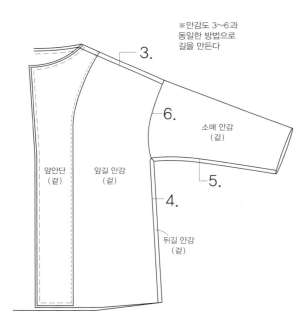

※안감도 3~6과 동일한 방법으로 길을 만든다

3.

6.
소매 안감 (겉)

5.

4.

앞안단 (겉)
앞길 안감 (겉)

뒤길 안감 (겉)

8. 깃을 만든다

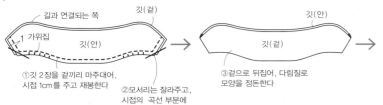

길과 연결되는 쪽
깃(겉)
1 가위집
깃(안)

①깃 2장을 겉끼리 마주대어, 시접 1cm를 주고 재봉한다

②모서리는 잘라주고, 시접의 곡선 부분에 가위집을 넣는다

깃(안)
깃(겉)

③겉으로 뒤집어, 다림질로 모양을 정돈한다

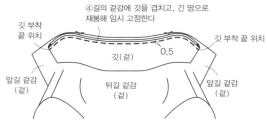

④길의 겉감에 깃을 겹치고, 긴 땀으로 재봉해 임시 고정한다

깃 부착 끝 위치
깃(겉)
0.5
깃 부착 끝 위치
앞길 겉감 (겉)
뒤길 겉감 (겉)
앞길 겉감 (겉)

9. 깃을 끼워서 목둘레를 재봉한다

10. 아랫단을 재봉한다　　**11.** 앞단을 재봉한다　　**12.** 소맷부리를 재봉한다

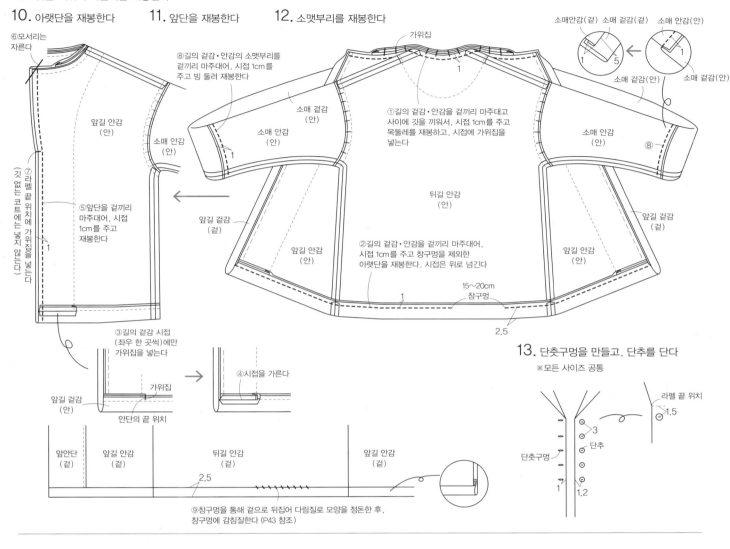

⑥모서리는 자른다

⑧길의 겉감·안감의 소맷부리를 겉끼리 마주대어 시접 1cm를 주고 빙 둘러 재봉한다

가위집

1

소매안감(겉) 소매 겉감(겉)　소매 안감(안)

1　5　←　←　1

소매 겉감(안)　소매 겉감(안)

앞길 안감 (안)

소매 겉감 (안)

소매 안감 (안)

①길의 겉감·안감을 겉끼리 마주대고 사이에 깃을 끼워서, 시접 1cm를 주고 목둘레를 재봉하고, 시접에 가위집을 넣는다

소매 안감 (안)

앞길 겉감 (겉)

소매 안감 (안)

1

⑧

뒤길 안감 (안)

⑤앞단을 겉끼리 마주대어, 시접 1cm를 주고 재봉한다

(깃 없는 코트 위치에는 가위집을 넣지 않는다)

⑦라펠 끝 위치에 가위집을 넣는다

1

앞길 겉감 (겉)

②길의 겉감·안감을 겉끼리 마주대어, 시접 1cm를 주고 창구멍을 제외한 아랫단을 재봉한다. 시접은 위로 넘긴다

앞길 안감 (안)

앞길 안감 (안)

1　15~20cm 창구멍

2.5

③길의 겉감 시접 (좌우 한 곳씩)에만 가위집을 넣는다

가위집

④시접을 가른다

앞길 겉감 (안)

안단의 끝 위치

앞안단 (겉)　앞길 안감 (겉)　뒤길 안감 (겉)　앞길 안감 (겉)

2.5

⑨창구멍을 통해 겉으로 뒤집어 다림질로 모양을 정돈한 후, 창구멍에 감침질한다 (P43 참조)

13. 단춧구멍을 만들고, 단추를 단다
　　※모든 사이즈 공통

라펠 끝 위치

1.5

3

단추

단춧구멍

1　1.2

【 만드는 방법 】　〈깃 없는 코트〉　※단위는 cm　※나머지는 〈테일러드 깃의 코트〉 만드는 방법 참조

2. 주머니를 단다

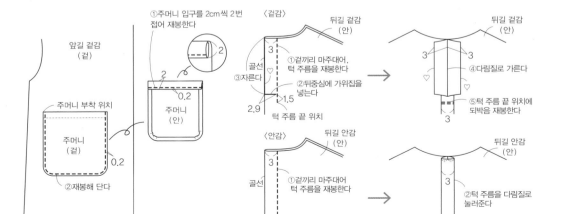

앞길 겉감 (겉)

①주머니 입구를 2cm씩 2번 접어 재봉한다

2

2

0.2

주머니 (안)

주머니 부착 위치

주머니 (겉)

0.2

②재봉해 단다

3. 뒤길의 뒤중심에 턱 주름을 잡아 재봉한다

〈겉감〉

뒤길 겉감 (안)

3

골선

③자른다

①겉끼리 마주대어, 턱 주름을 재봉한다

②뒤중심에 가위집을 넣는다

2.9　1.5

턱 주름 끝 위치

뒤길 겉감 (안)

3　3

④다림질로 가른다

⑤턱 주름 끝 위치에 되박음 재봉한다

3

〈안감〉

뒤길 안감 (안)

3

골선

①겉끼리 마주대어 턱 주름을 재봉한다

턱 주름 끝 위치

뒤길 안감 (안)

3

⑥턱 주름을 다림질로 눌러준다

13. 단춧구멍을 만들고, 단추를 단다

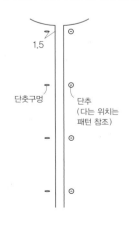

1.5

단춧구멍

단추 (다는 위치는 패턴 참조)

77

P14 패블럼 블라우스

【 재료 】 ※ 왼쪽부터 90/100/110/120/130/140 사이즈
- 워싱 린넨(스탠다드 린넨 KOF-01 블랙) … 폭 140cm ×
  130/130/140/150/170/180cm
- 직경 0.6cm의 스냅단추(SUN12-85) … 1세트
- 0.6cm 폭의 납작한 고무줄 … 15cm 2줄

【 실물 크기 패턴 】
B면【10】
앞길, 뒤길, 소매, 패블럼(개더 주름 덧단-역주)

【 완성 사이즈 】 ※ 왼쪽부터 90/100/110/120/130/140 사이즈
가슴둘레 = 81/84/88/92/96/100cm
옷길이 = 38.5/40.5/43.5/47.5/51.5/55.5cm

【 재단 방법 】
※ 위부터 90/100/110/120/130/140 사이즈
※목둘레용 바이어스 원단은 천에 직접 그려서 재단한다

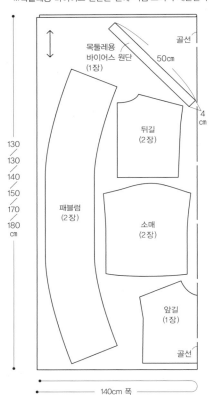

【 재봉 순서 】
1. 재단 방법을 참조해 원단을 자르고, 사전 준비를 한다

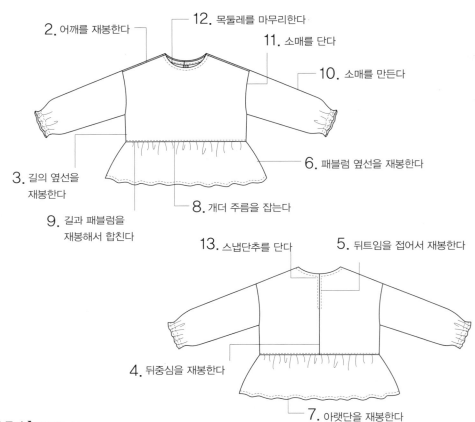

2. 어깨를 재봉한다
12. 목둘레를 마무리한다
11. 소매를 단다
10. 소매를 만든다
6. 패블럼 옆선을 재봉한다
3. 길의 옆선을 재봉한다
8. 개더 주름을 잡는다
9. 길과 패블럼을 재봉해서 합친다

13. 스냅단추를 단다
5. 뒤트임을 접어서 재봉한다
4. 뒤중심을 재봉한다
7. 아랫단을 재봉한다

【 사전 준비 】 ※단위는 cm
- 뒤중심과 소맷부리에 지그재그 재봉한다
- 소맷부리를 3cm 접는다
- 목둘레용 바이어스 원단을 접는다
- 페블럼의 아랫단은 0.7cm, 0.8cm로 2번 접는다

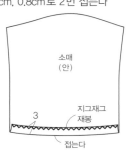

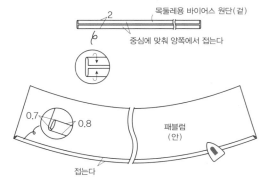

78

2. 어깨를 재봉한다

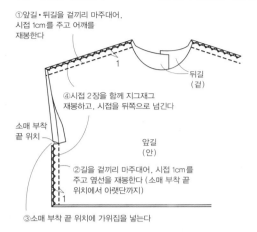

①앞길·뒤길을 겉끼리 마주대어, 시접 1cm를 주고 어깨를 재봉한다

④시접 2장을 함께 지그재그 재봉하고, 시접을 뒤쪽으로 넘긴다

소매 부착 끝 위치

②길을 겉끼리 마주대어, 시접 1cm를 주고 옆선을 재봉한다 (소매 부착 끝 위치에서 아랫단까지)

③소매 부착 끝 위치에 가위집을 넣는다

앞길 (안)

1

뒤길 (겉)

3. 길의 옆선을 재봉한다

4. 뒤중심을 재봉한다

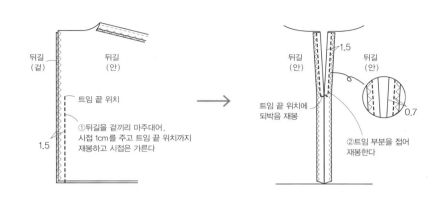

뒤길 (겉)

뒤길 (안)

트임 끝 위치

①뒤길을 겉끼리 마주대어, 시접 1cm를 주고 트임 끝 위치까지 재봉하고 시접은 가른다

1.5

5. 뒤트임을 접어 재봉한다

뒤길 (안)   1.5   뒤길 (안)

트임 끝 위치에 되박음 재봉

②트임 부분을 접어 재봉한다

0.7

6. 페블럼 옆선을 재봉한다

7. 아랫단을 재봉한다

8. 개더 주름을 잡는다

9. 길과 페블럼을 재봉해서 합친다

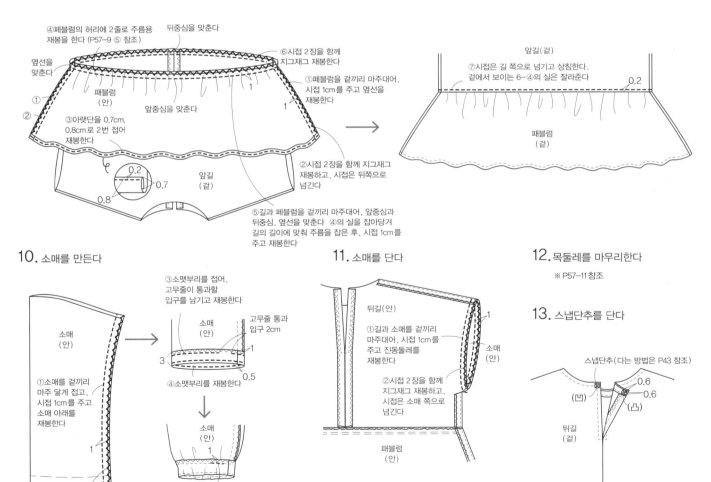

④페블럼의 허리에 2줄로 주름용 재봉을 한다 (P57-9 ⑤ 참조)

옆선을 맞춘다

뒤중심을 맞춘다

⑥시접 2장을 함께 지그재그 재봉한다

①페블럼을 겉끼리 마주대어, 시접 1cm를 주고 옆선을 재봉한다

페블럼 (안)

앞중심을 맞춘다

①

②

③아랫단을 0.7cm, 0.8cm로 2번 접어 재봉한다

1

1

0.2

0.7

0.8

앞길 (겉)

②시접 2장을 함께 지그재그 재봉하고, 시접은 뒤쪽으로 넘긴다

⑤길과 페블럼을 겉끼리 마주대어, 앞중심과 뒤중심, 옆선을 맞춘다 ④의 실을 잡아당겨 길의 길이에 맞춰 주름을 잡은 후, 시접 1cm를 주고 재봉한다

앞길(겉)

⑦시접은 길 쪽으로 넘기고 상침한다. 겉에서 보이는 6-④의 실은 잘라준다

0.2

페블럼 (겉)

10. 소매를 만든다

소매 (안)

①소매를 겉끼리 마주 닿게 접고, 시접 1cm를 주고 소매 아래를 재봉한다

1

②시접 2장을 함께 지그재그 재봉하고, 시접은 뒤쪽으로 넘긴다

③소맷부리를 접어, 고무줄이 통과할 입구를 남기고 재봉한다

소매 (안)

고무줄 통과 입구 2cm

1

3

0.5

④소맷부리를 재봉한다

소매 (안)

1

⑤고무줄 통과 입구로 납작한 고무줄을 통과시켜서 양끝을 고정하고, 입구를 재봉해 막아준다

11. 소매를 단다

뒤길(안)

①길과 소매를 겉끼리 마주대어, 시접 1cm를 주고 진동둘레를 재봉한다

②시접 2장을 함께 지그재그 재봉하고, 시접은 소매 쪽으로 넘긴다

소매 (안)

페블럼 (안)

12. 목둘레를 마무리한다

※ P57-11 참조

13. 스냅단추를 단다

스냅단추(다는 방법은 P43 참조)

(凹)   0.6

0.6

(凸)

뒤길 (겉)

79

당신은 언제나 옳습니다. 그대의 삶을 응원합니다. ─ 라의눈 출판그룹

초판 1쇄 2021년 9월 10일

지은이 타카시마 마리에 옮긴이 정유미
펴낸이 설응도
영업책임 민경업 디자인책임 조은교

펴낸곳 라의눈

출판등록 2014 년 1 월 13 일 (제 2019-000228호)
주소 서울시 강남구 테헤란로 78 길 14-12(대치동) 동영빌딩 4 층
전화 02-466-1283 팩스 02-466-1301

문의 (e-mail)
편집 editor@eyeofra.co.kr
마케팅 marketing@eyeofra.co.kr
경영지원 management@eyeofra.co.kr

ISBN : 979-11-88726-92-9 13590

OTOKO NO KONIMO ONNA NO KONIMO NIAUHUKU (NV80659) by
Marie Takashima Photographers: Nao Shimizu, Miyuki Teraoka
Copyright © Marie Takashima/ NIHON VOGUE-SHA, 2020
All rights reserved.
Original Japanese edition published by NIHON VOGUE Corp.
Korean translation copyright © 2021 by EYEOFRA PUBLISHING Co., Ltd
This Korean edition published by arrangement with NIHON VOGUE Corp.,
Tokyo, through HonnoKizuna, Inc., Tokyo, and AMO AGENCY

타카시마 마리에 takashima marie

문화복장학원을 졸업하고 무대의상, 모자, 액세서리 디자이너로 활동
했다. 2011년 첫 아이의 출산과 함께 아동복에 관심을 갖게 되었고
2013년 codamari 브랜드를 런칭했다. 현재는 '계절 및 성장과 함께
기억에 남는 아동복'을 콘셉트로 온라인이나 이벤트, 수공예 잡지사
GOODMEETING 등에서 활동 중이다. 장남과 남녀 쌍둥이를 둔 세
아이의 엄마.

Instagram :codamari
blog :https://codamari.blogspot.com/

정유미

서울과학기술대학교 공업디자인학과 및 원광디지털대학교 한국복식
과학학과를 졸업했으며, 양장기능사 국가기술자격증을 취득했다. 북
부여성발전센터, 광진문화원, 중랑여성인력개발센터, 노원평생교육원,
성북구청 등에서 아동복, 생활한복, 여성복 만들기 강사로 활약하고
있으며 2008년부터 네이버 최대 인형옷만들기 카페를 운영 중이다.
신(新)한복제작 디자인과 교육을 전문으로 하는 회사 '가선당'도 운영
하고 있다.

blog :blog.naver.com/yumi96
cafe :cafe.naver.com/barbiewear

MODEL

사라 오바디아(신장 94cm)
릴리 타케우치(신장 95cm)
리오 헤네시(신장 98cm)
할도르손(키 117cm)
유나 애로우(키 122cm)
맥스 브라우넬(키 128cm)
레이첼 피스크(키 130cm)
P34
소우타(키 100cm)
하즈키(신장100cm)
후우타(신장 135cm)
코노미(키 135cm)

◎ 이 책에서 사용한 원단, 부자재
P14, P20의 원단, 모든 T단추, 스냅단추 / 기요하라 주식회사

STAFF
북디자인: 하다 이즈미
촬영: 시미즈 나오(P1~33), 테라오카 미유키(P35~40)
스타일링: 다카시마 마리에
헤어 메이크업: 카미카와 타카에
원고정리: 요시다 아키코
만드는 법과 패턴 트레이스: 하치몬지 노리코
그레이딩: 주식회사 세리오
교정 및 편집: 카타야마유우코, 다이타야스코